3D Studio Max
Modeling Fundamentals

3ds Max 建模基础

主　编　周　鑫　赵婧姝　傅建红
副主编　尹　梦　蒋　玲　林子琴

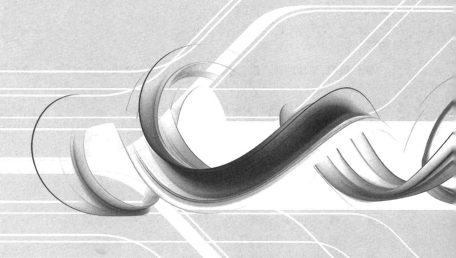

东南大学出版社
SOUTHEAST UNIVERSITY PRESS
·南京·

图书在版编目(CIP)数据

3ds Max 建模基础 / 周鑫，赵婧姝，傅建红主编. ——
南京 : 东南大学出版社，2023.8
　ISBN　978-7-5766-0823-6

　Ⅰ. ①3… Ⅱ. ①周… ②赵… ③傅… Ⅲ. ①三维动
画软件 Ⅳ. ①TP391.414

　中国国家版本馆 CIP 数据核字(2023)第 142251 号

责任编辑:贺玮玮　　**责任校对:**韩小亮　　**封面设计:**余武莉　　**责任印制:**周荣虎

3ds Max 建模基础　**3ds Max Jianmo Jichu**

主　　编	周　鑫　赵婧姝　傅建红
出版发行	东南大学出版社
社　　址	南京市四牌楼 2 号 邮编:210096
出 版 人	白云飞
经　　销	全国各地新华书店
印　　刷	南京玉河印刷厂
开　　本	787 mm×1092 mm　1/16
印　　张	20.25
字　　数	420 千字
版　　次	2023 年 8 月第 1 版
印　　次	2023 年 8 月第 1 次印刷
书　　号	ISBN　978-7-5766-0823-6
定　　价	56.00 元

本社图书若有印装质量问题,请直接与营销部联系,电话:025-83791830。

序 言

习近平总书记在中国共产党第二十次全国代表大会上的报告中指出,教育、科技、人才是全面建设社会主义现代化国家的基础性、战略性支撑。必须坚持科技是第一生产力、人才是第一资源、创新是第一动力,深入实施科教兴国战略、人才强国战略、创新驱动发展战略,开辟发展新领域新赛道,不断塑造发展新动能新优势。要办好人民满意的教育,全面贯彻党的教育方针,落实立德树人根本任务,培养德智体美劳全面发展的社会主义建设者和接班人。加快建设高质量教育体系,发展素质教育,促进教育公平。

3ds Max 是基于 Internet 的、依靠软件技术实现的桌面级虚拟现实技术。它把交互技术和网络技术进一步融合,具有很强的交互性,有利于发挥学习者的主体作用和学习者之间的协作。与沉浸式虚拟现实相比,3ds Max 能以较低的成本获得一定程度的虚拟体验。所以,3ds Max 在教育教学领域有着十分广泛的应用前景,逐渐成为教育教学的关注焦点。本书从理论和实践两方面探讨了 3ds Max 在高职教育领域应用的相关问题。以及高职教育者关注的一些焦点。

3ds Max 是由 Autodesk 公司开发的三维制作软件。它功能强大、易学易用,深受游戏设计人员的喜爱,已经成为这一领域流行的软件之一。我们几位长期在职业院校从事 3ds Max 教学的教师和专业游戏设计公司的经验丰富的设计师合作,共同编写了本书。

我们对本书的编写体系做了精心的设计，从理论与实践两个方面探讨了 3ds Max 在高职教育领域应用的相关问题，按照"知识点介绍—实操案例—软件功能解析"这一思路进行编排，力求通过经典案例演练，使学生快速掌握软件功能和游戏设计思路；通过软件功能解析，使学生深入学习软件功能和制作特色；通过课堂练习和课后习题，拓展学生的实际应用能力。在内容编写方面，我们力求细致全面、重点突出；在文字叙述方面，我们注意言简意赅、通俗易懂；在案例选取方面，我们强调案例的针对性和实用性。

本书由周鑫、赵婧姝、傅建红担任主编，尹梦、蒋玲、林子琴担任副主编，由周鑫统稿和审稿。本书在编写过程中得到了东南大学出版社编辑的大力支持。

本书力求激发学生的学习兴趣，并为其充分交流与协作创造条件，因此，编写团队对容易出现的具体问题，给出了适当的解决方案。鉴于编写时仓促，本书仍有不少不足之处，希望各界专家、同仁、读者不吝赐教。

编者
2023 年 5 月

目录

contents

第一章

01

3ds Max基础

全书彩图二维码链接

教学目标：熟悉 3ds Max 在游戏设计中的运用

重点难点：了解 3ds Max 在游戏设计中的运用

教学方法：PPT 理论知识讲解

| 第一节 | 课程导入 |

随着计算机技术的迅速发展，三维设计表现技术也在各个方面得到了广泛应用，Autodesk 出品的 3ds Max 是著名软件 3d Studio 的升级版本，是世界上应用最广泛的三维建模、动画、渲染软件，广泛应用于游戏、电影电视和设计等领域，应用于很多 3D 游戏的宣传动画、片头动画，以及游戏内人物及场景中，具有非常广阔的应用前景。使用 3ds Max 可以完成多种工作。

1. 建筑装潢设计：以三维形式展现建筑物和室内外装潢的效果。不仅快捷方便，还能完整预览建筑物各个角度的效果，且透视十分精确。

2. 机械制造：利用三维动画展现机械零配件的造型，模拟它们运行时的工作情况。

3. 商业产品造型和包装设计：可对瓶子、盒子、玩具等的包装外观形态、色彩图案等进行设计。

4. 影视和商业广告：电视栏目的片头、产品广告、房地产广告等都可以用 3ds Max 来制作。

5. 电脑游戏和娱乐：制作优美的动画画面和游戏程序同样重要。

6. 其他：3ds Max 在生物化学中可用于生物分子之间结构组成的展示；军事科技中可用于飞行员模拟飞行训练、导弹飞行动态路径研究；医学中可以形象地展示人体内部组织等。

以游戏设计举例：要进行 3D 角色设计，第一步需要进行原画的设定和绘制，即将策划和创意的文字信息转换为平面图片。图 1-1 为一张角色原画的设定图，是一位身穿金属铠甲的女性角色，设定图从正面和背面清晰地描绘了角色的体型、身高、面貌及所穿的装备服饰。

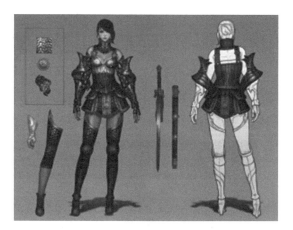

图 1-1　角色原画设定图片

角色原画设定完成后，3D 制作人员就要针对原画进行 3D 模型的制作。3D 动画角色模型通常利用 Maya 软件制作，3D 游戏角色模型通常利用 3ds Max 制作。

图 1-2 为利用 Zbrush 软件雕刻的高精度模型。图 1-3 中是低精度模型添加法线贴图后的效果。

模型制作完成后，需要分展模型的贴图坐标，保证模型的贴图能够正确显示（图 1-4），之后就是模型材质的调节和贴图的绘制过程了。

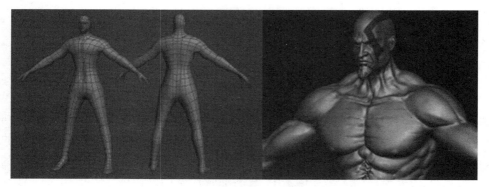

图 1－2　利用 Zbrush 软件雕刻的高精度模型

图 1－3　添加法线贴图的低精度模型效果

　　对于 3D 游戏角色模型，无需对材质球进行复杂设置，只需要为不同的贴图通道绘制不同的模型贴图，比如：固有色贴图、高光贴图、法线贴图、自发光贴图及 Alpha 贴图等（图 1－5）。

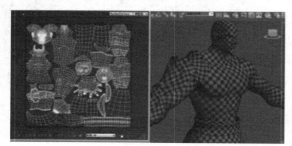

图 1－4　分展模型的 UV 坐标

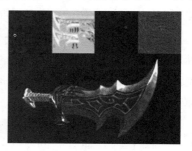

图 1－5　绘制模型贴图

　　模型和贴图都完成后，我们需要对模型进行骨骼绑定和蒙皮设置。通过 3D 软件中的骨骼系统可对模型实现可控的动画调节(图 1 - 6)。

如果是制作 3D 动画,不仅需要调节角色的身体动作,制作表情动画(图 1 - 7),还要设置摄像机机位及灯光。最后通过渲染输出为动画视频或序列帧图片。

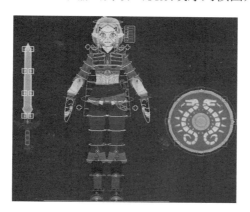

图 1 - 6　3D 角色骨骼的绑定

图 1 - 7　3D 角色表情动画

第二节　中国游戏的发展历程

中国游戏行业发展至今大概有 23 年的时间,一共经历了以下几个阶段:

游戏发展的第一个阶段是 2001—2005 年,2001 年 9 月,盛大游戏研发的一款 2D 角色扮演游戏——"热血传奇",使当时全国各地的网吧座椅上都是其宣传海报;紧接着 2002 年 8 月网易游戏发布了一个角色扮演游戏"大话西游"。

游戏发展的第二个阶段是 2006—2008 年,属于游戏行业的增长阶段,在这个阶段涌现了腾讯、完美世界、巨人、畅游等一批老牌游戏公司(图 1 - 8)。

游戏发展的第三个阶段是 2009—2016 年,这 8 年是游戏行业发展非常迅速的阶段,游戏类型越来越丰富,同时游戏公司也经受了巨大的考验:2010 年 8 月,为了规范游戏,文化部发布了《网络游戏管理暂行办法》;2013 年 2 月,因为政策红利,涌出了一大批游戏公司,做出了很多游戏产品;2016 年开始进行版号控制。

游戏发展的第四个阶段是 2017 年至今,是一个游戏行业政策完善、整改的时期。2018

年对于游戏公司来说是艰难的一年,其结束了用户增量的红利,进入了存量时期,2018 年又经历了版号封存,从 3 月底开始到 12 月才有首批游戏公司取得了部分版号。但通过 2019 年至今的大数据分析可以发现,游戏行业未来的发展形势比较乐观,游戏公司的缺口也较大。

图 1-8 游戏内容提供方

第三节 | 游戏公司的部门架构

从总体来看,公司主要分为管理部、研发部和市场部三大部门,其中体系最为庞大和复杂的是研发部,这也是游戏公司最核心的部门。

在研发部下的制作部中,根据技术又分为企划部、美术部、程序部等,每个部门中又有更加详细的职能划分(图 1-9)。

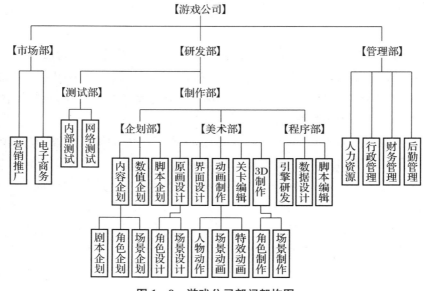

图 1-9 游戏公司部门架构图

1. 市场部

市场部主要负责游戏产品市场数据的研究、游戏市场化的运作、广告营销的推广、发行渠道等相关的商业合作。

这一系列工作建立在对自己公司产品深入了解的基础上，根据自身产品的特色挖掘宣传点；还需要充分了解游戏的用户群体，抓住消费者的心理、文化层次、消费水平等，针对性地研究宣传推广方案。

2. 管理部

游戏公司中的管理部是为公司的整体发展和运行提供良好的保障。通常来说，公司管理部主要下设行政部、财务部、人力资源部（HR）、后勤部等。

3. 研发部

游戏公司中的研发部是整个公司的核心部门，从整体来看主要分为制作部和测试部，其中制作部集中了研发团队的主要核心力量，属于游戏制作的主体团队，制作部下设企划部、程序部和美术部三大部门，这种团队架构在业内被称为"Trinity（三位一体）"或者称作"三驾马车"。

第四节 游戏美术部门的职能划分

在游戏开发团队中，美术部门是人数最多的，这也意味着美术的工作量是巨大的。游戏公司里的美术部门负责整个游戏内容的表现及游戏操作的可视化。

在游戏美术部门内部，根据工作内容的不同，又细分有游戏原画、三维模型贴图、角色动画、特效等，有些公司还有美术宣传部，下面做一略述。

图 1 - 10 "暗黑破坏神 4"游戏原画

【原画】主要根据项目的整体风格、故事背景及策划需求设计项目游戏世界中所有角色及景观的具体形象。游戏原画的主要工作性质是设计，但是需要通过绘画方式来表达，因此两方面都非常重要，画得很好但没想法不行，想法很好却画不出来也不行。

【三维模型贴图】主要负责根据原画的设计，制作出最终展现在玩家面前的三维模型。工作过程就好像用泥巴做个泥人，再用颜色在泥人上画出细节，只不过复杂度更高，且这一切要在电脑中完成。对物体结构的理解和对电脑软件的应用是所需的技能（图1-11）。

图1-11　三维模型贴图

【角色动画】主要负责赋予用三维模型制作出的角色模型灵魂，让角色模型根据人物特效动起来。要让动画看起来流畅，不仅需要对运动规律了然于胸，同时还需要让动画符合人物的性格、年龄、体态等。

【特效】主要负责最终画面表现的润色、气氛的渲染、技能大招的设计和制作。需要熟练掌握三维软件，了解传统美学的构成及动画的运动规律，有时还需要有基础的数学和物理知识。同时对于角色的种族、特性，使用的绝招、武器等都要有一定的研究，这样才能创造出合适的特效（图1-12）。

图 1–12　游戏特效

【地形编辑（关卡设计）】在国内网游中一般称为地形编辑；单机游戏中常称为关卡设计。如制作大的地形起伏，摆放上三维场景的物体，设计各种环境：灯光、雾气、早晚光线变化、天气变化等（图 1–13）。

图 1–13　游戏地形编辑

【UI 界面设计】制作游戏中的界面：血槽、头像、各种窗口等；制作游戏中的图标：技能图标、系统图标、道具图标等。

在行业发展之初，因为游戏人才短缺，所以公司倾向于招收全才。随着行业的发展和玩家审美的提升，越来越多的公司希望找到专精的人才，即在某一个领域有比较深的造诣，只有这样才能制作出高品质的游戏画面。

电子游戏是继绘画、雕塑、建筑、音乐、诗歌、舞蹈、戏剧、电影之后人类历史上的第九大艺术。它具备丰富而独特的表现力，能给人们带来由衷的欢乐。它又有许许多多鲜明生动的形象。游戏这种艺术的特点是参与，表现手法是 CG（Computer Graphics，计算机图形）。游戏美术就是和 CG 打交道的人，以计算机为媒介进行艺术创作。

第二章

02

视窗操作

教学目标:熟悉 3ds Max 软件视窗界面的基本布局和操作

重点难点:3ds Max 软件视窗界面的操作

教学方法:PPT 理论知识讲解,演示操作过程,指导学生练习

| 第一节 | 　视窗显示控制

　　启动 3ds Max 2018 后,显示的主界面即为用户界面,熟悉用户界面上的每个选项、参数、展开栏的概念与意义是学习 3ds Max 的基础,只有熟悉用户界面才能熟练地制作出炫目的模型。

　　3ds Max 的用户界面主要有菜单栏、工具栏、视窗、命令面板、状态栏及各种控制工具区,如图 2-1 所示,下面介绍其基本功能。

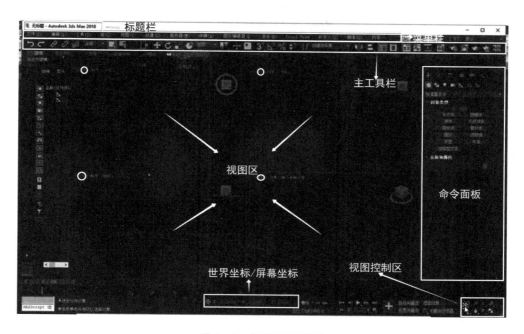

图 2-1　视窗显示界面

| 第二节 | 　视窗操作

　　3ds Max 2018 的标题栏位于界面最上方,用于管理文件和查找信息等,如图 2-1 所示。
　　位于标题栏最左面的按钮为【应用程序按钮】,单击该按钮可以打开如图 2-2 所示的应用程序菜单。该菜单包含【新建】、【重置】、【打开】、【打开最近】、【查看图像文件】、【保存】、【另存为】、【保存副本为】、【归档】、【导入】、【导出】、【发送到】、【参考】、【设置项目文件夹】、

【摘要信息】、【文件属性】、【首选项】、【退出】等常用文件处理命令。

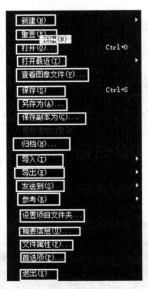

图 2-2 应用程序菜单

【应用程序按钮】右侧会显示 3ds Max 2018 的版本信息以及当前打开文件的名称,如图 2-3 所示。

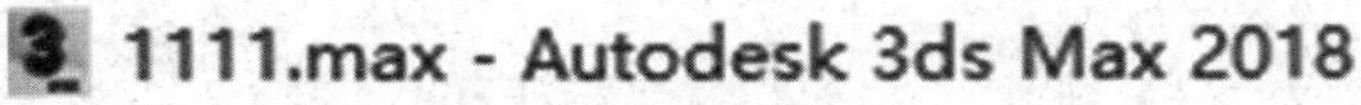

3. 1111.max - Autodesk 3ds Max 2018

图 2-3 文件名称

│第三节│ 操作界面设定

本章节主要讲解操作界面的单位设置以及一些自定义功能设置,帮助大家熟悉 3ds Max 2018 版本的设定操作。

1. 单位设置

点击 自定义(U) 面板→单位设置→系统单位设置→"系统单位比例"数值修改→确定(图 2-4~图 2-7)。

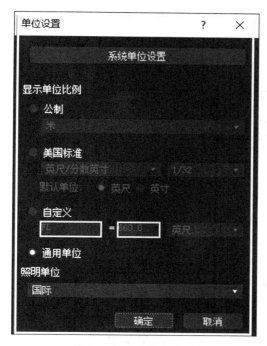

图 2-4　点击单位设置

图 2-5　点击系统单位设置

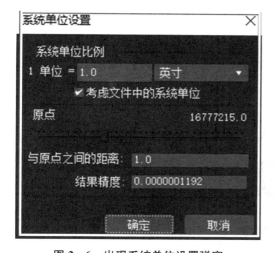

图 2-6　出现系统单位设置弹窗

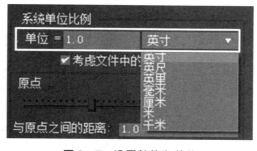

图 2-7　设置数值和单位

2. 背景颜色设置

点击 自定义(U) 面板→加载自定义用户界面方案→选择"黑"色或者"灰"色→加载自定义方案→关闭界面→重新启动 3ds Max 2018,即可呈现自己想要的界面颜色(图 2-8~图 2-13)。

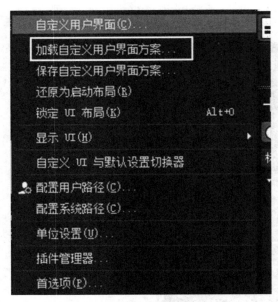

图 2-8 选择加载自定义用户界面方案

图 2-9 选择 ame-dark(黑色)/ame-light(灰色)

图 2-10 加载自定义方案

图 2－11　加载进行界面

图 2－12　黑色界面的效果

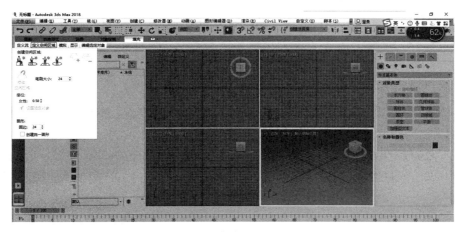

图 2－13　灰色界面的效果

3. 保存文件的设置

点击文件→设置备份间隔时间→启用 Autobak 文件数,例如图 2-14 为 5 min 保存 3 次,太频繁了,建议 15 min 保存 3 次。

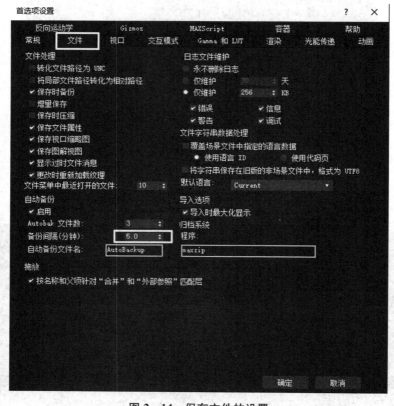

图 2-14　保存文件的设置

第四节　菜单栏的基本介绍

1. 编辑菜单

该菜单囊括了 3ds Max 2018 一些基本的命令,有暂存、全选、管理选择集、对象属性等。单击【编辑】按钮出现如图 2-15 所示菜单。

【暂存/取回】使用"暂存"命令可以将场景设置保存到基于磁盘的缓冲区,可存储的信息包括几何体、灯光、摄影机、视窗配置以及选择集;使用"取回"命令还原上一个"暂存"命令存储的缓冲内容。

【删除】选择对象以后,执行该命令或按 Delete 键可将其删除。

【克隆】使用该命令可以创建对象的副本、实例或参考对象。

【选择区域】包含：矩形选区、圆形选区、围栏选区、套索选区、绘制选择区域、窗口、交叉。

【对象属性】包含：常规、高级照明、用户定义。

2. 工具菜单

工具菜单包括了一些可对物体进行调整的命令，包括显示浮动窗口，对物体的显示状态进行调节。单击【工具】按钮出现如图 2-16 所示菜单，根据需要选择相应的调整命令。

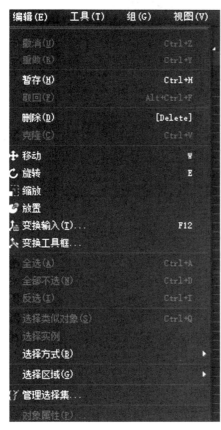

图 2-15 编辑菜单

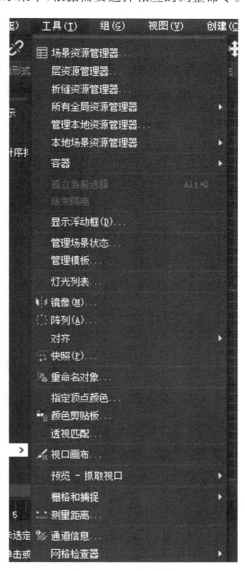

图 2-16 工具菜单

3. 修改器菜单

修改器菜单中包括了可对物体进行深入修改的一些主要修改器,如面片/样条线编辑、转化、自由形式变形器、UV坐标等,这些也能在命令面板中找到,下拉菜单如图2-17所示。

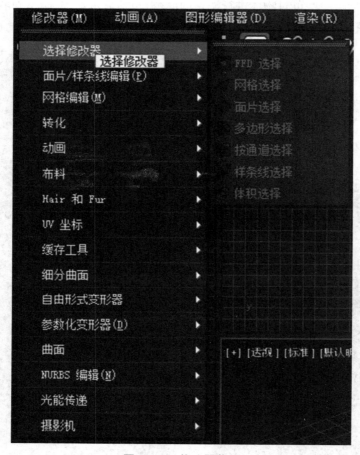

图2-17 修改器菜单

4. 动画菜单

动画菜单能对反向动力学(IK)连接进行解算,对骨骼运动进行约束和控制等。下拉菜单如图2-18所示。

5. 图形编辑器

图形编辑器菜单不仅能在制作动画时对运动的轨迹进行预览,对运动方式进行编辑,还可以对粒子的创建进行调整。下拉菜单如图2-19所示。

图 2-18　动画菜单

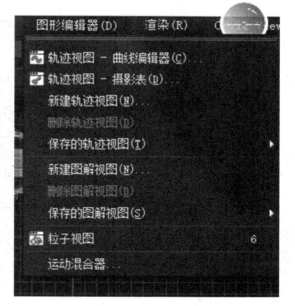

图 2-19　图形编辑器菜单

6. 渲染菜单

渲染菜单用于环境效果设定、灯光效果的控制以及使用 Video Post 视频后期处理来达到图像与场景的完美结合，如图 2-20 所示。

7. 自定义菜单

自定义菜单能使界面布局、单位、视窗等根据用户自己的喜好来设定,其中视窗配置是对渲染方法、布局、安全框、自适应降级切换、区域、系统数据进行设置,如图 2-21 所示。在后面的章节中会详细讲解界面布局及单位设定。

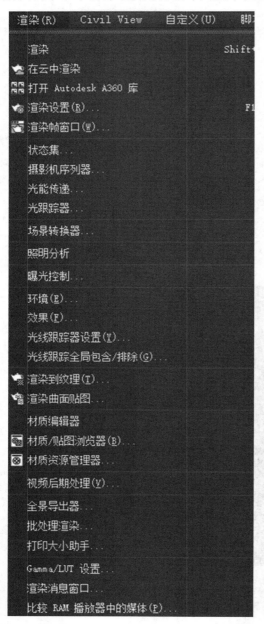

图 2-20　渲染菜单

图 2-21　自定义菜单

8. 脚本菜单

脚本菜单为 3ds Max 2018 提供了应用脚本的命令,用户也可以将自己编写的脚本应用到场景中去，如图 2 - 22 所示。

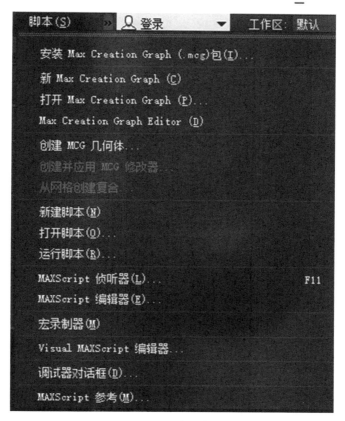

图 2 - 22　脚本菜单

第三章

03

主工具栏

教学目标：熟悉 3ds Max 主工具栏的应用

重点难点：3ds Max 软件工具栏上视窗上的工具操作

教学方法：PPT 理论知识讲解，演示操作过程，指导学生练习

第一节 | 主工具栏介绍

打开 3ds Max 2018,最上面一排是菜单栏,菜单栏的下方有一排工具按钮,称为主工具栏。通过主工具栏可以快速访问 3ds Max 2018 中很多常见任务工具和对话框,如图3－1 所示。

图 3－1　3ds Max 2018 菜单栏与主工具栏区域

当主工具栏不能显示全部工具时,可将鼠标移动到按钮之间的空白处,箭头会变为 ✋ 状,这时可以拖动鼠标来左右滑动主工具栏,以看到隐藏的工具按钮。

如果拖动主工具栏到界面的中间释放,会形成一个单独的工具面板。按住主工具栏前端的双竖线可以拖动主工具栏到界面的其他位置,如图 3－2 所示为将主工具栏放置在界面的左侧,图中显示了主工具栏的整个区域。

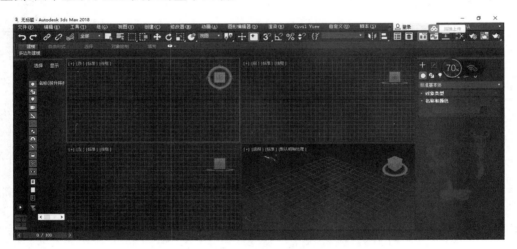

图 3－2　3ds Max 2018 主工具栏区域

主工具栏中主要按钮的名称与功能如下:

此图标为【选择对象】按钮:在场景中选择对象。

此图标为【选择并连接】按钮:建立对象之间的连接。

此图标为【断开当前选择连接】按钮:取消物体与物体之间的连接。

此图标为【按名称选择】按钮:可对场景中的物体按名称或颜色进行选择。

此图标为【矩形选择区域】按钮:选中后,在场景中单击并进行拖动,会出现矩形的虚线框。虚线框中所包含的物体将被全部选择。

此图标为【选择并移动】按钮：选择一个对象并进行位置变换。

此图标为【选择并旋转】按钮：选择一个对象并进行旋转变换。

此图标为【选择并缩放】按钮：选择一个对象并进行缩放变换。

此图标为【镜像】按钮：创建选定对象的镜像副本。

此图标为【对齐】按钮：将对象按照不同的方式对齐。

此图标为【材质编辑器】按钮：调出材质编辑菜单，编辑材质参数。

此图标为【渲染设置】按钮：对渲染输出的效果进行设置。

此图标为【渲染帧窗口】按钮：快速打开渲染帧窗口，并可预览上一次渲染场景的图像效果。

此图标为【快速渲染】按钮：对当前的视窗进行快速渲染。

3ds Max 2018 视窗区域有 Perspective（透视）、Front（前）、Top（顶）、Left（左）这 4 个视窗，设计师可以从这 4 个视窗以不同的角度观察场景，默认视窗布局如图 3-3 所示。

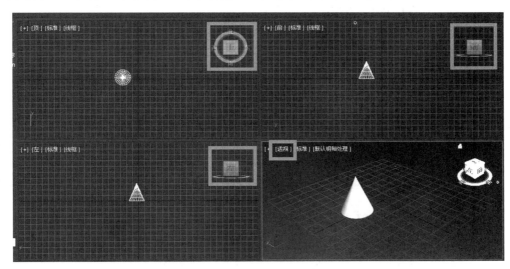

图 3-3　3ds Max 2018 视窗区域

3ds Max 2018 每个视窗都有很多水平线和垂直线，这些线组成了 3ds Max 2018 的主栅格。

【Perspective 透视视图】一般用于观察物体的形态。透视视图类似于人的眼睛观察到和摄像机拍摄出的效果，视窗中的栅格线是可以相交的，如图 3-3 所示。

【Front 前视图】显示物体从前向后看的形态。

【Top 顶视图】显示物体从上往下看的形态。

【Left 左视图】显示物体从左向右看的形态。

| 第二节 | 对象选择

打开 3ds Max 2018，点击 ■ "选择并移动"就可以选择并拖动物体（图 3 - 4）。

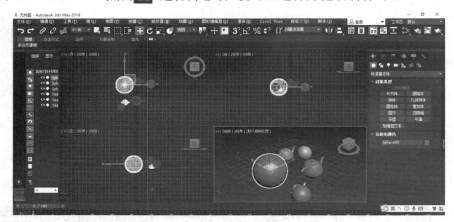

图 3 - 4　对象选择并移动

也可以在使用"选择对象"工具 ■ ，再单击要选择的对象，就可以选中相应的物体（图 3 - 5）。

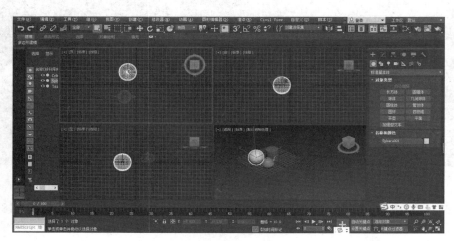

图 3 - 5　对象选择工具

第三节 | 点选物体

要在画面中找到一个对应的物体，按住鼠标左键，点击要选择的对象，即可点选物体，然后可以点击 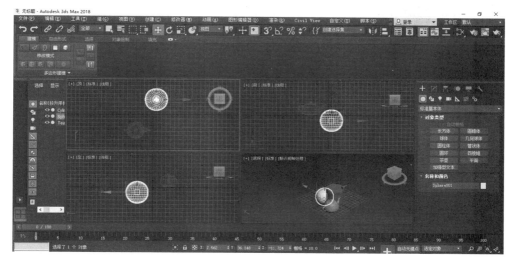 进行挪动改变（图3－6）。

图3－6　点选物体

第四节 | 框选物体

框选物体有两种方式，第一种方式是使用■■工具。第二种方式是使用■■工具。在使用■■工具框选对象时，按 Q 键可以切换选框的类型。如当前使用的"矩形选择区域"模式，按一次 Q 键可切换为"圆形选择区域"■模式；再按 Q 键依次切换到"围栏选择区域"■模式、"套索选择区域"■模式、"绘制选择区域"■模式，并据此循环。如图3－7，使用"选择对象"工具在视图中拉出一个选框，处于该选框内的所有对象都将被选中。

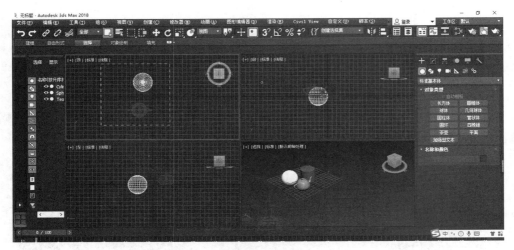

图 3-7 框选物体

第五节 按颜色选择物体

第 1 步：打开 3ds Max，使用物体——茶壶新建若干茶壶状物体（图 3-8）。

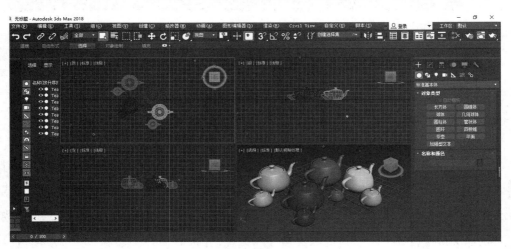

图 3-8 新建物体

第 2 步：单击"编辑"→"选择方式"→"颜色"（图 3-9）。

图 3 - 9　选择方式界面

第 3 步:选中某种颜色的茶壶,周边相同颜色的茶壶也会被选中(图 3 - 10)。

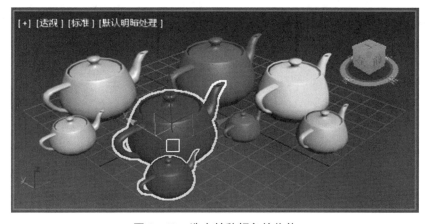

图 3 - 10　选中某种颜色的物体

第4步：单击"名称和颜色"可以进行对象颜色修改（图3-11）。

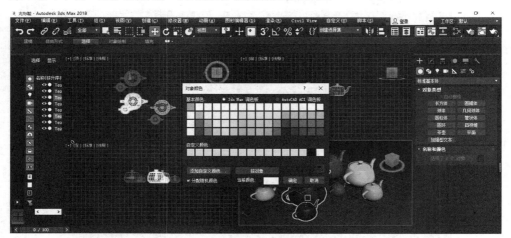

图3-11 修改对象颜色

第5步：单击"确定"，对象颜色修改成功（图3-12）。

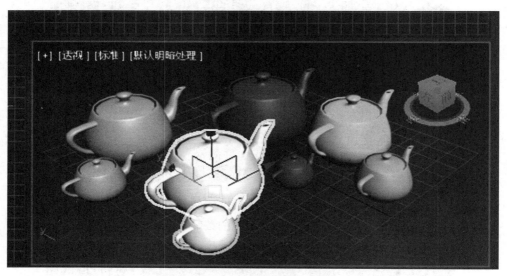

图3-12 修改对象颜色后的效果

| 第六节 | 按名称选择物体

第1步：单击 ▤ "按名称选择物体"按钮，我们可以看到场景中的所有物体名称都显示在图3-13中。

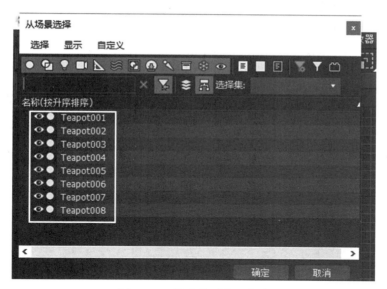

图 3 - 13　按序排列显示名称

第 2 步：单击 ![icon] 工具，可对物体改名，例如修改"Teapot"为"红色"（图 3 - 14）。

图 3 - 14　修改名称

第 3 步：再次单击 ![icon] 按钮，可以看到修改后的名字显示在名称栏中了（图 3 - 15）。

图 3 - 15　修改名称后的效果

第 4 步：通过全选按钮将场景中的全部物体选中，并对物体的参数进行修改。

｜第七节｜　选择集与编组

第 1 步：单击菜单栏上的"创建选择集"工具，可为这个选择集编辑名字，按回车键后名字被存储（图 3 - 16）。

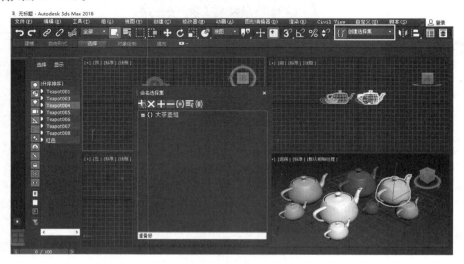

图 3 - 16　命名选择集

第2步:选择要编组的茶壶,如图3－17所示。

图3－17　选择编组的茶壶

第3步:点击 ，修改名称为"小茶壶",如图3－18所示。

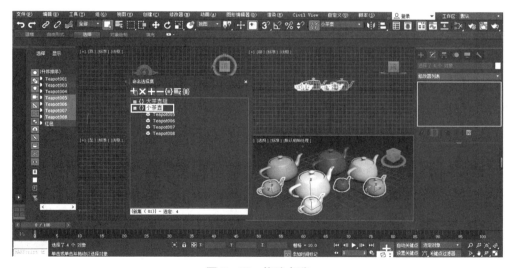

图3－18　修改名称

第4步:在菜单栏中选择"小茶壶",如图3－19所示,小茶壶组被选中。

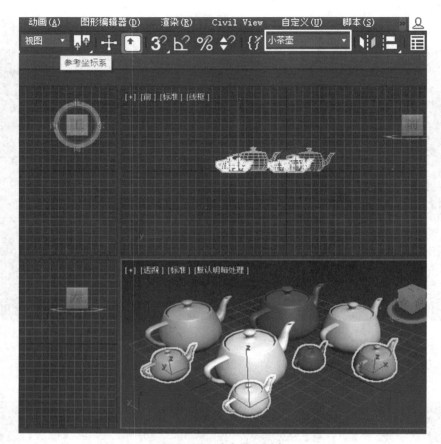

图 3-19 选中编组对象

在 3ds Max 2018 中,用于移动、缩放、旋转、场景对象的工具分别为【选择并移动】工具、【选择并旋转】工具、【选择并缩放】工具,这些工具的快捷按钮都位于 3ds Max 2018 主工具栏中,如图 3-20 所示,使用这些工具命令能对对象进行移动、旋转、缩放等操作。

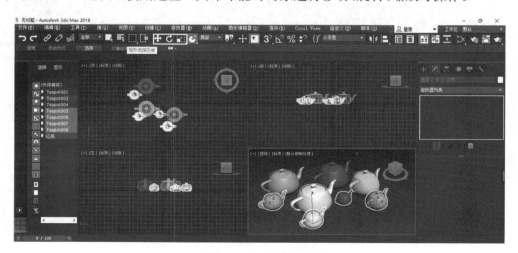

图 3-20 点选物品

启用移动、旋转或缩放工具后会在场景中出现该工具的图标，如图 3‑21 所示为【选择并移动】工具、如图 3‑22 所示为【选择并旋转】工具、图 3‑23 为【选择并缩放】工具的图标形态。

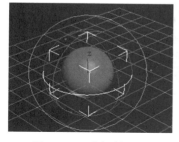
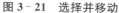

图 3‑21　选择并移动

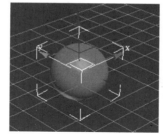

图 3‑22　选择并旋转

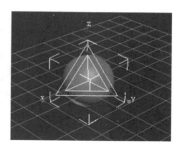

图 3‑23　选择并缩放

每一个图标都包含有 X、Y、Z 3 个坐标轴，黄色为当前激活的坐标轴，可以同时在 3 个坐标轴上进行变换，也可以在某一个坐标轴上单独进行变换。

选择并移动操作：选择【选择并移动】工具，激活 Y 轴向，按下鼠标左键并拖动鼠标，即可在 Y 轴向上移动对象。

选择并旋转操作：在视窗中选择需要调整的对象，在主工具栏中激活【选择并旋转】工具，在视窗中激活红色的 X 轴，按下左键并拖动鼠标，即旋转场景对象。

选择并缩放操作：包括选择并均匀缩放、选择并非均匀缩放、选择并挤压。与前面的移动、旋转工具一样，使用【选择并缩放】工具也能在某个轴向或多个轴向上缩放对象。

组对象的使用场景：当场景中的对象较多，而部分对象又必须进行同样的移动、旋转或缩放等变换时，如果用户逐一对这些对象进行调整，那么不仅操作麻烦，而且变换操作的准确性也比较低，为解决这类问题，3ds Max 2018 为用户提供了成组的概念。

成组操作：首先在视窗中选择需要成组的对象，如图 3‑24 所示，接着选择菜单栏【组】→【成组】命令，如图 3‑25 所示。

图 3‑24　选择成组对象

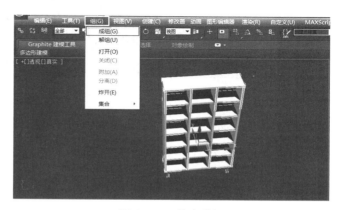

图 3‑25　单击成组

执行【成组】命令之后，在弹出的【成组】对话框的文本框中输入组的名称，如图 3‑26 所示,即可将所选择的对象成组,效果如图 3-27 所示。

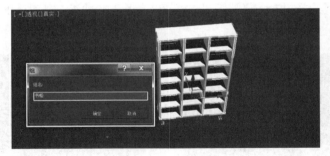

图 3-26 命名组

图 3-27 成组效果

| 第八节 | 筛选物体

方法 1:在工具栏的过滤器中选择不同类型的物体,也可选择全部物体(图 3-28)。

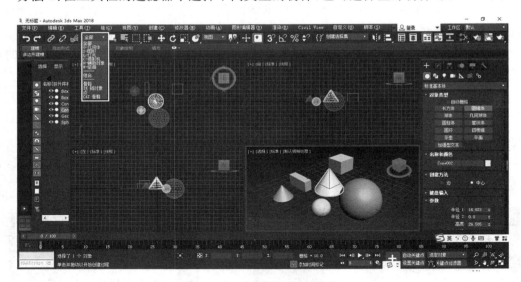

图 3-28 用过滤器选择物体

方法 2:在图 3-29 中按名称选择想要的对象,这样提高了选择物体的效率。

图 3 - 29　按名称选择对象

第九节　视图变换操作

3ds Max 2018 视图变换操作有多种形式(图 3 - 30),如可以通过下列快捷键来操作:

最大化——Z

视图旋转——Alt＋鼠标中键

平移——鼠标中键

缩放——鼠标滚轮

精细缩放——Ctrl＋Alt＋鼠标中键

撤销——Shift＋Z

前进——Shift＋Y

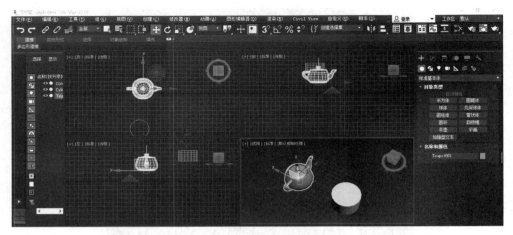

图 3-30 视图变换操作界面

│第十节│ 坐标系

　　3ds Max 创造了一个虚拟的三维空间,空间中的一个点可以用 X、Y、Z 三个坐标值来定义,X、Y、Z 三轴以 90°正交方式存在,如图 3-31 所示。三个坐标值表示从该点分别向三个轴引垂线,其与轴的交点之间的距离。三轴交点为坐标中心,即原点(0,0,0)。坐标三角轴是变换坐标系的一种直观表示。在 3ds Max 中选择物体时,就会显示出其坐标轴,分别以 X、Y、Z 的三个矢量表示坐标系的三个轴。

　　图 3-31 视图中,(1) 坐标轴的三条轴线的交点即为变换中心。(2) 坐标轴定向为当前所用坐标系的定向。(3) 高亮显示轴线,表示变换操作在该轴线方向上将受到约束。

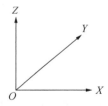

图 3-31 坐标轴

【世界坐标系统】

　　在 3ds Max 2018 中,从前方看,X 轴为水平方向,Y 轴为景深方向,Z 轴为垂直方向。这个坐标轴向在任何视图中都固定不变,所以以它为坐标系统可以实现在任何视图中都有相同的操作效果。

【屏幕坐标系统】

　　各视图中都使用同样的坐标轴向,即 X 轴为水平方向,Y 轴为垂直方向,Z 轴为景深方向,这是习惯轴向,它把计算机屏幕作为 X、Y 轴向,向计算机内部延伸为 Z 轴向。

【视图坐标系统】

　　这是使用最普遍的坐标系统,是 3ds Max 2018 的内定坐标系统。它是世界坐标系统和屏幕坐标系统的结合。在正视图中使用屏幕坐标系统,在透视图中使用世界坐标系统。

【父物体坐标系统】

这种坐标系统与自动拾取坐标系统功能相同,但它针对的是所连接物体的父物体。

【栅格坐标系统】

在 3ds Max 2018 中有一种可以自定义的网格物体,无法在着色系统中看到,但具备其他物体属性,主要用于造型和动画的辅助,这个坐标系统就是以它们为中心。

【自身坐标系统】

这是一个很有用的坐标系统,它是物体自身拥有的坐标系统如图 3－32 所示。

【自动拾取坐标系统】

这种坐标系统是由用户自定义,它使用物体的自身坐标系统,但你可以在一个物体上使用另一个物体的自身坐标系统,这是非常有制作意义的,如图 3－33 所示。

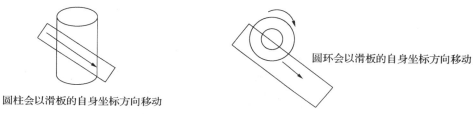

圆柱会以滑板的自身坐标方向移动

图 3－32　自身坐标系统

圆环会以滑板的自身坐标方向移动

图 3－33　自动拾取坐标系统

第十一节｜轴心点调整

3ds Max 每一个物体都对应一个坐标系,坐标系的原点即为轴心。下面以 3ds Max 2018 中的一个长方体的轴心点调整为例。

第 1 步:新建长方体,如图 3－34。

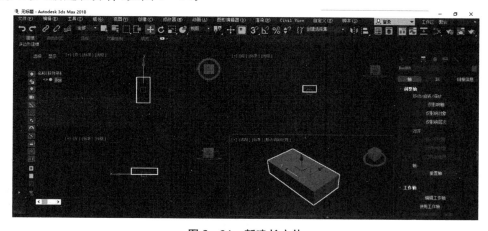

图 3－34　新建长方体

第2步：单击 "层次"→"轴"→"调整轴"→"仅影响轴"（图3-35）。

图3-35 选择调整轴的方式

第3步：单击移动工具，并在移动坐标系的方向上移动坐标系的位置，比如说移动Y轴，移动完成后，单击关闭"仅影响轴"按钮（图3-36）。

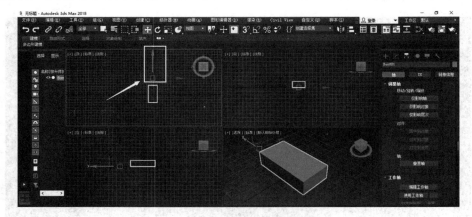

图3-36 移动后的效果

第4步：单击旋转工具，并打开角度捕捉，输入角度"45°"（图3-37）。

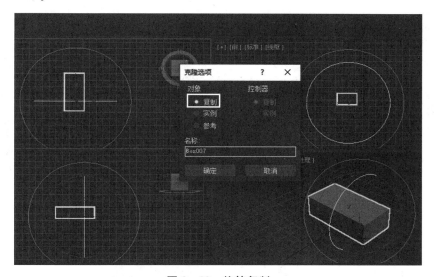

图3-37　旋转角度设置

第5步：按住Shift键并将长方体按相应的轴向旋转，弹出对话框后，选择复制的类型和数量（图3-38）。

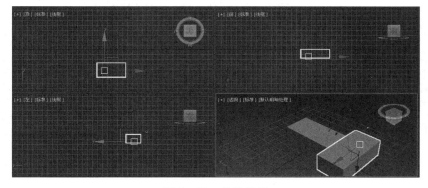

图3-38　旋转复制

第6步：完成效果如图3-39所示。

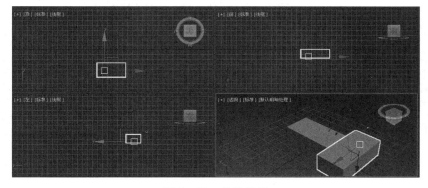

图3-39　最终效果

第十二节 变换动画

第1步:单击【时间配置】,设置帧速率为 PAL、动画的结束时间为 99,其他保持默认,单击确定,如图 3-40 所示。

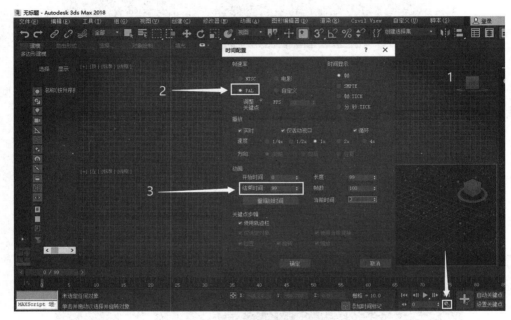

图 3-40 时间配置设置

第2步:在场景中创建一个物体,如茶壶,如图 3-41 所示。

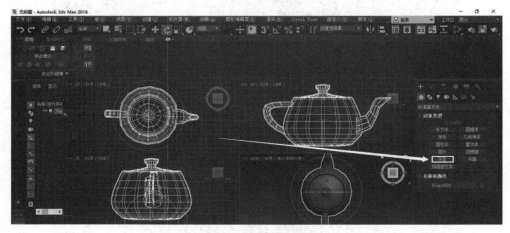

图 3-41 创建茶壶

第3步：单击激活【自动关键帧】，将时间轴的帧数从0帧调整为45帧，如图3-42所示。

图3-42　激活自动关键帧

第4步：选中茶壶，向右移动一段距离，并逆时针方向旋转180°，如图3-43所示。

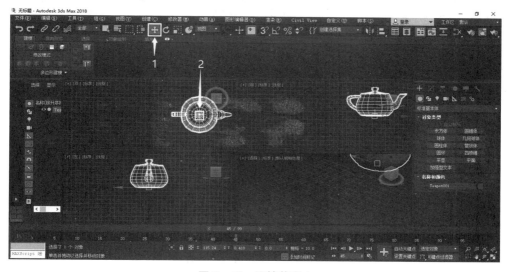

图3-43　旋转茶壶1

第5步：将时间关键帧滑块移动至99帧，向右移动茶壶并逆时针旋转180°，同时进行一定程度的缩放，如图3-44所示。

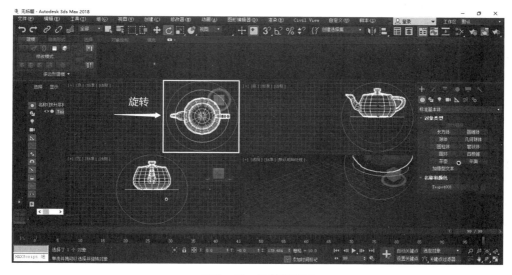

图3-44　旋转茶壶2

第 6 步：单击取消激活【自动关键帧】，将时间滑块移动至第 0 帧。单击【播放动画】，就可以观看动画效果，如图 3 - 45 所示。

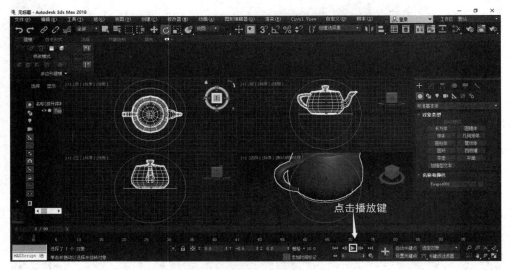

图 3 - 45　动画效果

第十三节　常用的动画方式

3ds Max 有以下几种动画方式：

1. 直接关键帧动画：基础中的基础，是最常用的。

2. 骨骼系统驱动：先搭建一套骨骼系统，在此基础上再插入关键帧动画，人物和动物等运动都需要运用这个技术。

3. 表情动画：跟骨骼系统类似，要先做一套表情控制系统，在此基础上插入关键帧，用于面部表情的表现。

4. 运动捕捉：为了减少骨骼和表情动画的工作量，可直接用动作捕捉设备采集真人模特的运动轨迹以及表情，效果很逼真，但成本高。通常大型广告公司、游戏公司和电影特效公司会使用。

除了上述动画方式之外，以下几点在特殊情况下运用的技术：

粒子动画：通过粒子系统来控制大量物体的动画，如雪花、鸟群、鱼群、军队、爆炸、旋风等。该技术易学难精。

动力学动画：一般要用到 3d Max 的力学系统，用于物体碰撞、碎裂等物理现象。跟手打关键帧不同，经过动力学运算得到的动画效果通常很逼真，相对数据量也大。有很多这方面的插件。

脚本动画：用程序语句来控制物体的动作。在很多情况下几行代码就能完成无数关键帧才能完成的动画,是很巧妙的动画完成手段。

其他还有如约束控制动画、驱动关键帧动画、属性连线动画等,都是一些辅助关键帧动画的小手段。

|第十四节| 动画时间设置

第1步:单击视窗右下角的【时间配置】按钮,可以进行播放速率的调整(图3-46)。

图3-46 点击时间配置

第2步:修改帧速率、播放速度、方向,以及开始和结束时间(图3-47)。

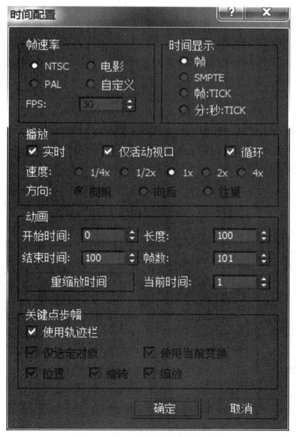

图3-47 时间配置数值设置

第3步：渲染的动画时间长短的设置。按 F10，调出渲染设置，在公用参数的时间输出框中进行修改设置(图 3－48)。

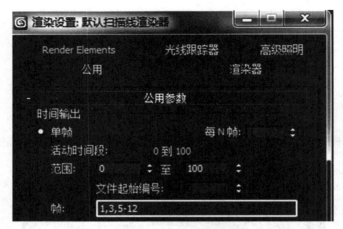

图 3－48　渲染设置

│第十五节│　输出设置

第1步：打开 3ds Max，画一个物体，比如茶壶，加上太阳光(形成两种不同的光源)，如图 3－49 所示。

第2步：按 F10，打开渲染设置。

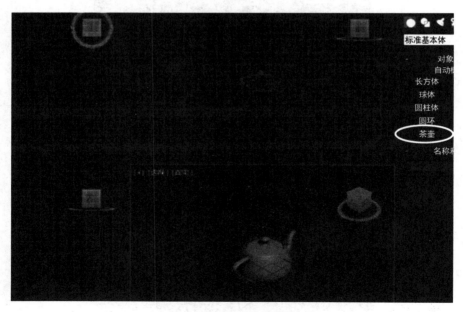

图 3－49　打开渲染菜单

第 2 步：选定 V-Ray 渲染器，也可以使用系统默认的渲染器（图 3 - 50）。

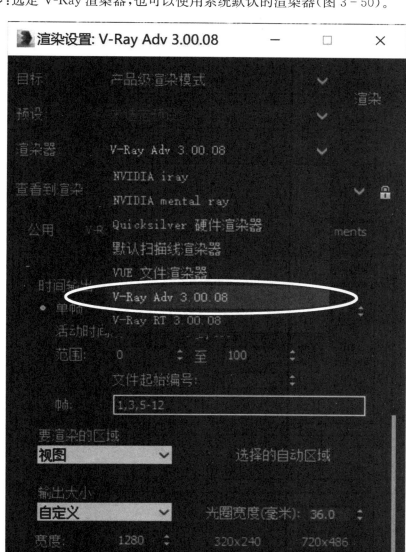

图 3 - 50　V-Ray 渲染器

第 3 步：调节渲染设置中的输出大小（图 3 - 51）。

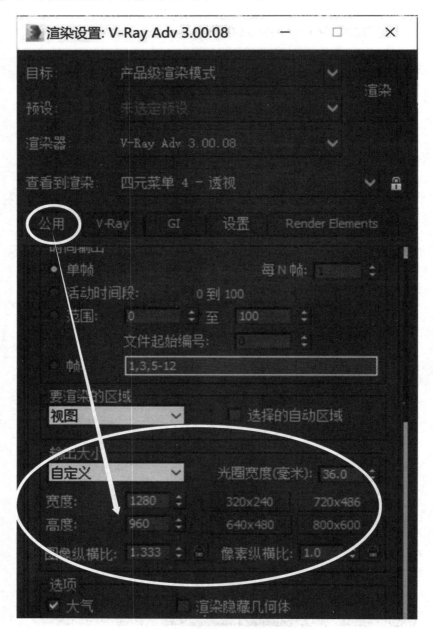

图 3 - 51　调节渲染设置中的输出大小

第 4 步：调节 3ds Max 渲染设置的采样器（图 3 - 52）。

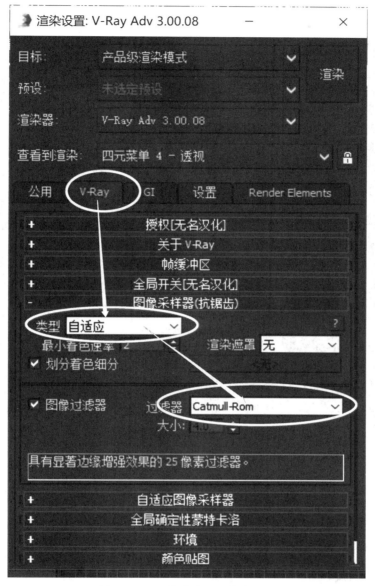

图 3 - 52 调节渲染设置的采样器

第 5 步：调节灯光，完成渲染（图 3-53）。

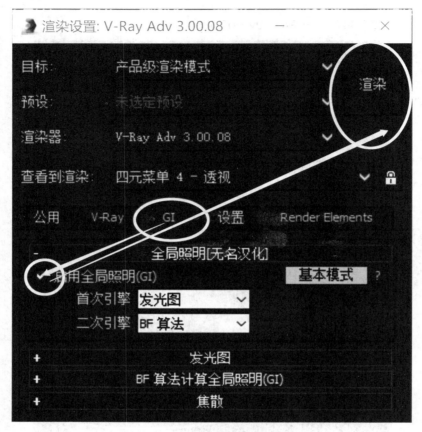

图 3-53　渲染设置完成

第 6 步：最终效果对比（图 3-54、图 3-55）。

图 3-54　渲染前

图 3-55　渲染后

<h1>第十六节 镜像命令</h1>

镜像工具在制作对称模型方面很有帮助，镜像工具可以在 X、Y、Z 三个轴向上进行镜像变换。

例如制作茶壶模型时，可以先制作茶壶模型的一半，如图 3-56 所示，再利用【镜像】工具对已制作完成的一半模型进行镜像复制，从而得到对称的另一半，最终组成一个对称、完整的茶壶模型，如图 3-57 所示。

图 3-56　茶壶模型的一半

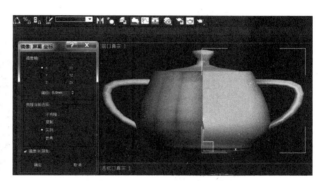

图 3-57　镜像复制后完整的茶壶模型

当进行镜像时，需要对镜像的副本进行设置，包括镜像副本偏移参数、镜像的轴等。镜像对话框如图 3-58 所示。除了上面介绍的应用外，该工具还能镜像整个对象，以制作对象的副本，如图 3-59 所示。

图 3-58　镜像对话框

图 3-59　镜像完整的茶壶

在对物体进行变换时，经常需要调整两个物体之间的位置。使用【对齐】工具可以快速地使两个对象按照不同的轴向进行对齐。

【镜像轴】选项组用来选择对物体在哪一个轴向上进行镜像，不同的镜像轴参数将产生不同的镜像效果，如图 3-60 和图 3-61 所示。

图 3－60　对称镜像

图 3－61　偏移镜像

【偏移】用来设置镜像对象和原对象之间的距离。使用不同的偏移参数的镜像对象的对比效果如图 3－62 和图 3－63 所示。

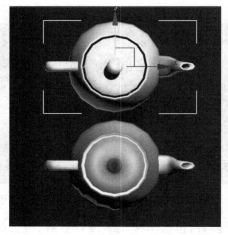

图 3－62　偏移 5 mm 的效果

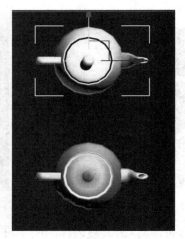

图 3－63　偏移 20 mm 的效果

【镜像中的克隆选择】选项组用于设置镜像对象与原对象之间的关系,这些关系的默认参数均为【不克隆】。包括【复制】、【实例】、【参考】、【不克隆】等选项。

第十七节　对齐命令

使用 3ds Max 2018 菜单栏中的【工具】按钮→【对齐】按钮可对物体执行对齐命令,如图 3－64 所示。

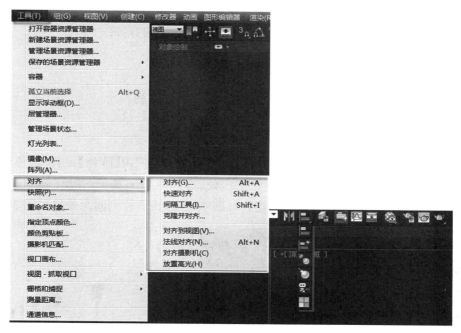

图 3 - 64　对齐操作界面

【快速对齐】将当前选择的对象与目标对象的位置对齐。

【对齐】：该工具能够实现多种对齐,如底端对齐、顶端对齐、按中轴线对齐,也可以将当前选择的对象与目标对象进行对齐,效果如图 3 - 65～图 3 - 67、3 - 68 所示。

　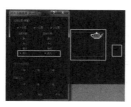　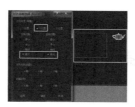　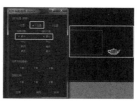

图 3 - 65　底端对齐　图 3 - 66　顶端对齐　图 3 - 67　中轴线对齐　图 3 - 68　目标物对齐

【法线对齐】选择的法线方向将两个对象对齐或基于每个对象的上面进行对齐。没有对齐前的对象原始效果如图 3 - 69 所示,使用法线对齐工具之后,对象对齐效果如图 3 - 70 所示。

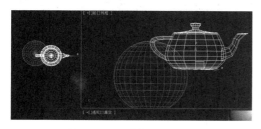　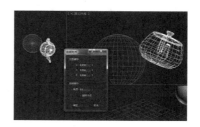

图 3 - 69　对象原始效果　　　　图 3 - 70　对象对齐后的效果

【对齐摄影机】将摄影机与选定面的法线对齐。

【对齐到视图】将对象或子对象选择的局部轴与当前视图对齐。

|第十八节| 阵列工具

想要快速地创建出被选择对象的多个副本,可以对对象使用【阵列】工具,其还可以设置创建的副本对象之间的间距。右击工具栏空白处,选择附加工具条,弹出【阵列】工具对话框,如图 3-71 所示。例如,可以快速创建路灯副本,并且设置排列间距效果如图 3-72。

图 3-71 阵列工具对话框

图 3-72 快速创建路灯阵列

|第十九节| 动画控制区介绍

3ds Max 2018 动画控制区主要用于播放动画、记录动画、设置关键帧以及控制动画的时长。在默认状态下,动画控制区位于视窗控制区的左侧,如图 3-73 所示。

图 3-73 动画控制区设置

动画控制区主要按钮图标的含义如下:

▶ 此图标为【播放动画】按钮:播放场景动画。

◀⑪ 此图标为【上一帧】按钮:将时间滑块向前移动一帧。

此图标为【下一帧】按钮：将时间滑块向后移动一帧。

此图标为【转至开头】按钮：跳到动画的开头。

此图标为【转到结尾】按钮：跳到动画的结尾。

此图标为【设置关键点】按钮：单击该按钮用以设置一个关键帧。

此图标为【自动关键点】按钮：启用自动关键帧模式用于记录动画。

此图标为【设置帧】按钮：该按钮和钥匙按钮功能相同。

此图标为【关键点模式】按钮：实现在动画的关键帧之间直接跳转。

此图标为【时间配置】按钮：单击该按钮可以打开时间配置面板进行设置。

| 第二十节 |　捕捉命令

打开 3ds Max 软件，进入操作界面（图 3 - 74）。

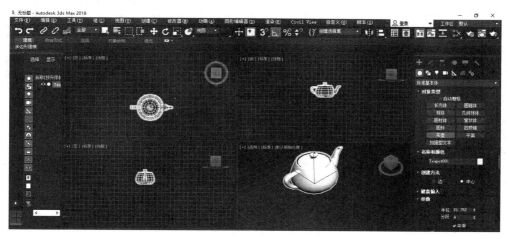

图 3 - 74　操作界面

找到工具栏中的捕捉开关图标，灰色时表示捕捉关闭，淡蓝色时表示捕捉打开（图 3 - 75）。

单击捕捉图标，在下拉列表中点击数字"3"，将二维捕捉转换为三维捕捉（图 3 - 76）。

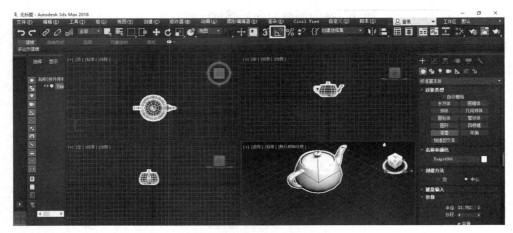

图 3 - 75 　点选捕捉物体

4. 将鼠标放在捕捉图标上,单击鼠标右键,打开【栅格和捕捉设置】对话框,选择相应的捕捉方式(图 3 - 77)。

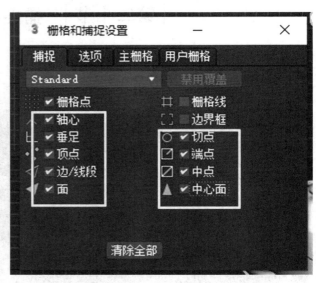

图 3 - 76 　选择"3"维捕捉 　　　　　　　　图 3 - 77 　捕捉设置

5. 设置完成后,试着使用一次捕捉命令。使用完毕后记得再次单击捕捉命令,关闭捕捉。

第四章

04

标准基本体命令面板

教学目标：熟悉 3ds Max 命令面板的运用

重点难点：编辑样条线

教学方法：教师进行理论知识讲解，演示操作过程，指导学生练习

第一节　命令面板的介绍

本章节主要讲解命令面板。命令面板是创建物体、修改物体、对物体参数进行调整的地方,通常在视窗右侧,其菜单展开有:标准基本体、扩展基本体、复合对象、二维线、灯光、摄像机等,如图 4－1 所示。

图 4－1　命令面板

在熟悉了 3ds Max 的命令面板界面后,我们就可以开始建模了。建模顾名思义就是构建模型。可以使用许多不同的方法和途径来进行建模型,这依赖于建模的对象。在 3ds Max 中,可以使用内部建模工具、外挂模块和其他兼容软件来建模。

第二节　标准基本体

使用基本的实体造型进行模型的构建是 3ds Max 中比较常用的一种方式。此方式多用于建筑模型的构建,它们也有许多细节和不同材质,本书后面将对它有更深入的介绍。

第三节　创建立方体

在 ● 创建命令面板中，单击 长方体 按钮，弹出长方体参数设置卷展栏，如图 4 - 2 所示。

图 4 - 2　长方体参数卷展栏

我们可以在创建长方体造型前，根据需要对其参数进行设定；也可以在缺省状态下先创建长方体，然后在修改命令面板中对它的参数进行调整。

（1）在 Create 命令面板中单击 Box 按钮,以缺省参数状态建立一个 Box 造型。

（2）将鼠标移至命令面板左侧的视图区,在任一视窗中按鼠标左键并沿对角线方向拖动,这时一个长方体出现在视窗中。

（3）再次按下鼠标左键并向上拖动拉出长方体的厚度,放开左键完成长方体造型的创建,如图 4-3 所示。

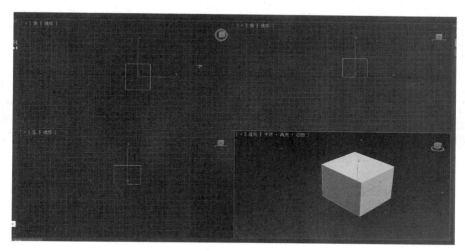

图 4-3　完成的长方体造型

（4）调整

单击 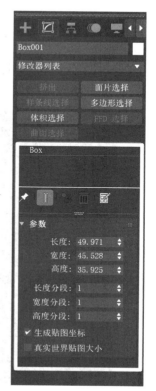 修改命令面板,在长方体参数卷展栏下对长方体造型的参数进行设定:长度、宽度、高度、长度分段、宽度分段、高度分段等,如图 4-4 所示。

拖动微调器或在数值区内直接键入数据,视窗中的 Box 的大小会随之变化。

设定长度分段＝5、宽度分段＝8、高度分段＝4,视窗中的长方体如图 4-5 所示。

图 4-4　参数卷展

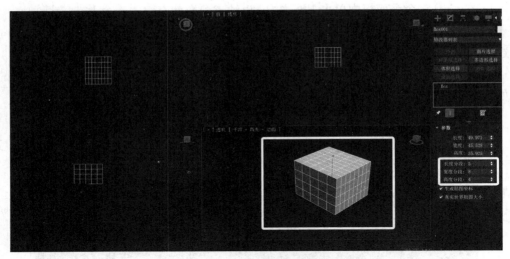

图 4 - 5　增加细分段数后的长方体

此项调整便于今后对长方体进行弯曲、挤压等操作，也可将它直接渲染生成网格物体。

│第四节│　创建球体

（1）在 3ds Max 中可创建两种球体，Sphere（经纬球体）、GeoSphere（几何球体），如图 4 - 6、图 4 - 7 所示。

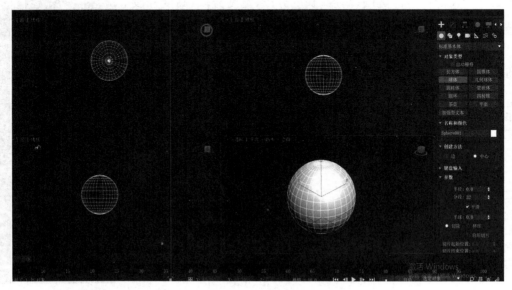

图 4 - 6　经纬球体

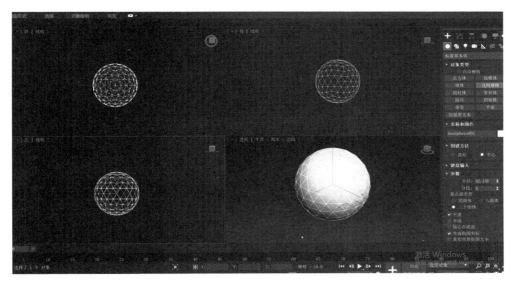

图 4 - 7　几何球体

（2）在 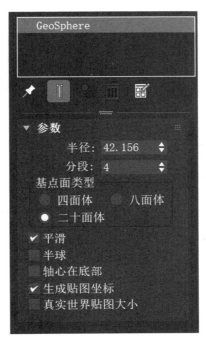 创建命令面板中，单击 GeoSphere 按钮，在弹出的卷展栏中对参数做如图 4 - 8 所示的设置。

图 4 - 8　参数卷展栏

（3）在命令面板左侧的视图区中选择透视图视窗构建已设定好参数的球体。分段的值越大，球体表面的圆滑度越高（图 4 - 9）。

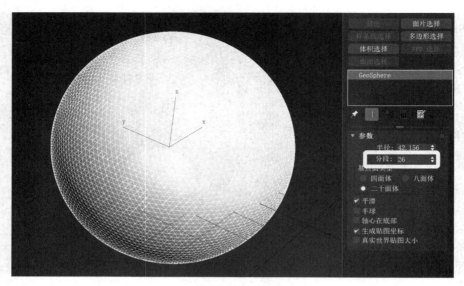

图 4 - 9　几何球体分段

（4）调整

在 ▧ 修改命令面板的 Parameters 卷展栏中，对参数作如下设置：

勾选半球复选框后，球体造型如图 4 - 10 所示。

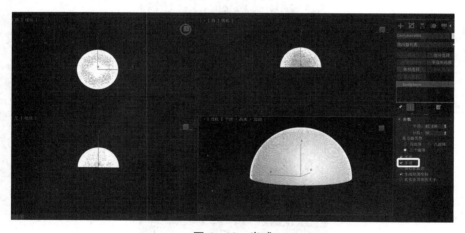

图 4 - 10　半球

通过对以上几个参数的调整可以创建出不同效果的球体造型，在今后的建模过程中满足不同的构建需要。

第五节 创建圆锥体

（1）在 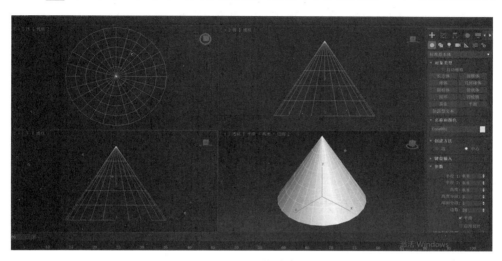 创建命令面板中单击圆锥体按钮，建立一个参数如图 4 - 11 所示的锥体。

图 4 - 11 圆锥体参数

（2）调整

在 修改命令面板的圆锥体卷展栏中对锥体的参数做以下设置，锥体造型如图 4 - 12 所示。

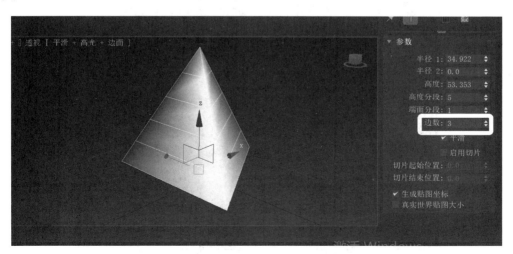

图 4 - 12 边数（Side）＝ 3 时的锥体

（3）调整参数值，使边数＝20、半径1＝35、半径2＝35，得到造型如图4-13所示的圆柱体造型。

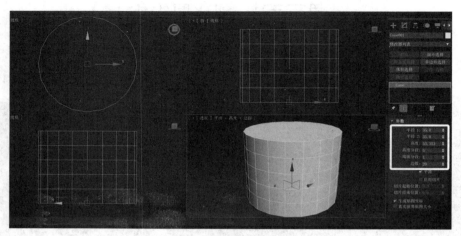

图4-13　调整参数后的造型

第六节 创建几何球体

在 ⊙ 创建命令面板中，单击几何球体按钮，建立一个参数如图4-14所示的球体。

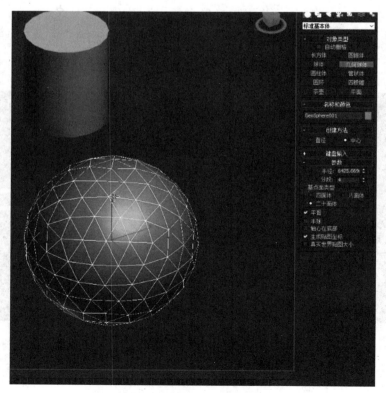

图4-14　几何球体参数

几何球体由三角面构成,与球体的网格面构成有区别,但参数调整方法相似。

第七节 创建管状体

(1)在 ⬤ 创建命令面板中单击管状体按钮,建立一个参数如图 4 – 15 所示的圆环片。

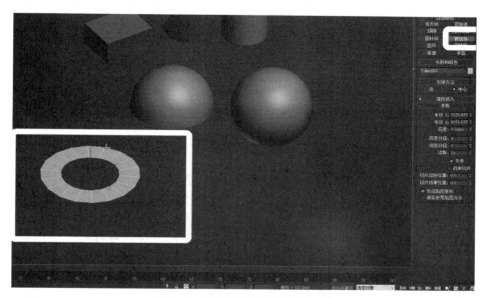

图 4 – 15 利用管状体创建圆环片

(2)创建圆环片后,向上移动鼠标,拉出管状体的形状,如图 4 – 16 所示。

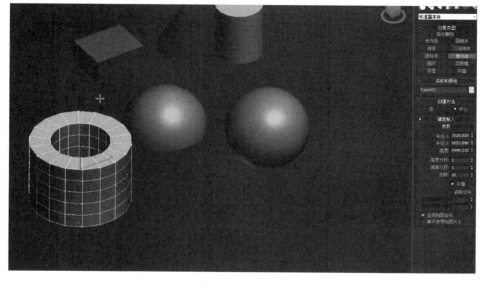

图 4 – 16 管状体

（3）在 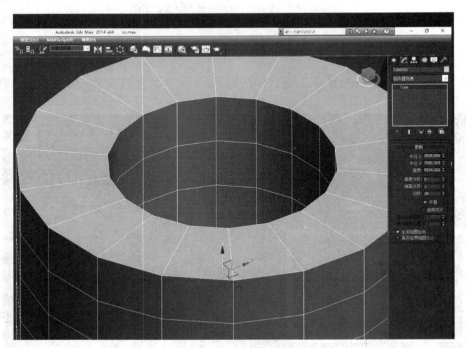 修改命令面板的管状体卷展栏中，管状体有两个半径，外圈半径调大小，内圈半径调粗细（图 4 - 17），参数设置如下。

· 调整外圈半径后，管状体造型如图 4 - 18 所示。

图 4 - 17　管状体设置对话框

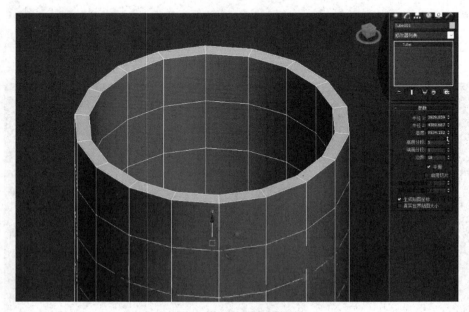

图 4 - 18　外圈半径调整

• 调整内圈半径后,管状体造型如 4 - 19 所示。

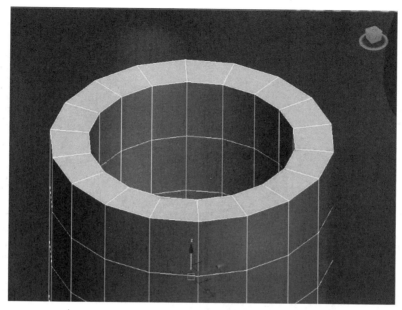

图 4 - 19　内圈半径调整

| 第八节 |　创建圆环

(1) 在 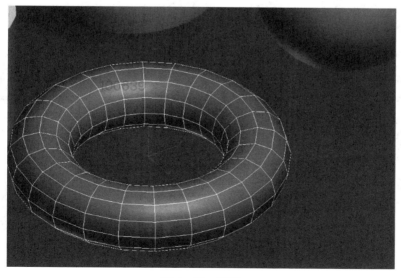创建命令面板中,单击圆环按钮,建立一个参数如图 4 - 20 所示的圆环。

图 4 - 20　圆环

（2）在 🖉 修改命令面板的圆环卷展栏中，圆环有两个半径，外圈半径调大小，如图4-21；内圈半径调粗细，如图4-22。其参数设置分别如图4-21、图4-22所示。

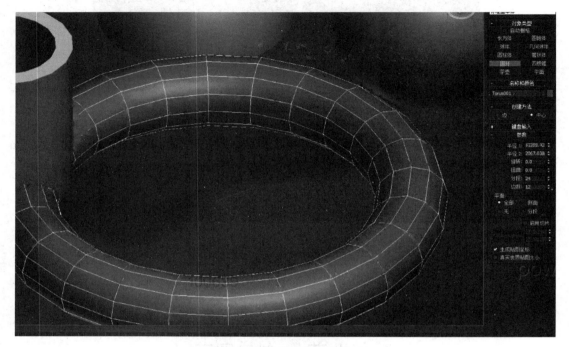

图4-21 外圈半径调整

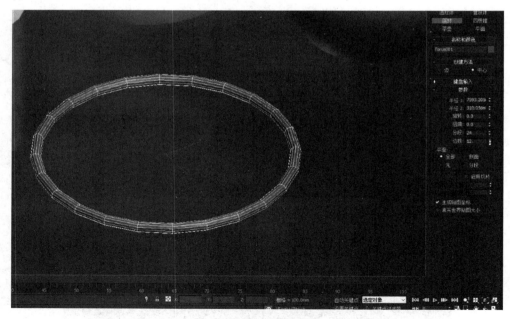

图4-22 内圈半径调整

在"█"修改命令面板中的圆环卷展栏中,圆环还有两个参数,外圈分段调疏密,见图4－23;内圈边数调粗细,见图4－24。

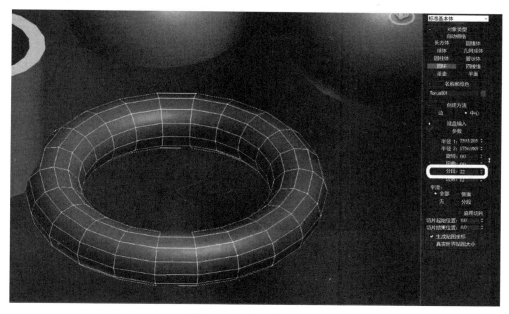

图4－23　外圈分段调整

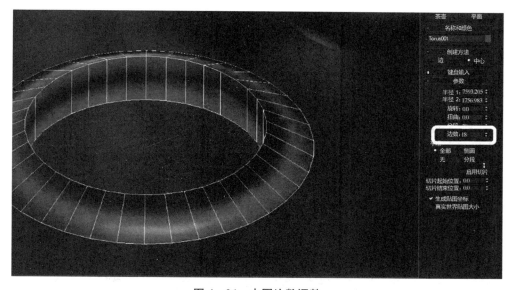

图4－24　内圈边数调整

设置反转参数可产生反转效果,可与后期材质贴图配合使用,如图4－25所示。

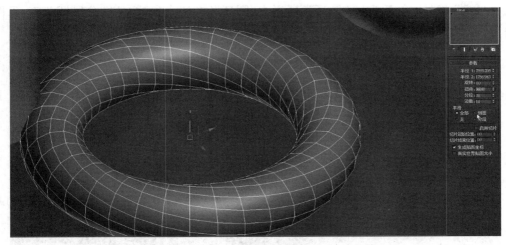

图 4 - 25 　反转效果

第九节 ｜ 创建四棱锥

（1）在 ⊙ 创建命令面板中单击四棱锥按钮，建立一个参数如图 4 - 26 所示的四棱锥。

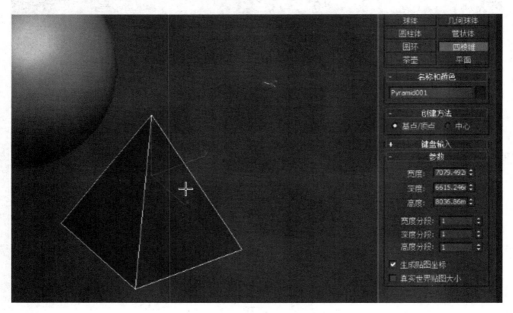

图 4 - 26 　四棱锥

（2）在 ▣ 修改命令面板的四棱锥卷展栏中，调整四棱锥的宽度，如图 4 - 27；调整四棱锥深度，如图 4 - 28；调整四棱锥的高度，如图 4 - 29。

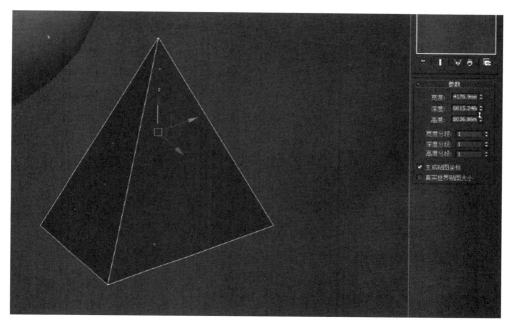

图 4 - 27　调整四棱锥的宽度

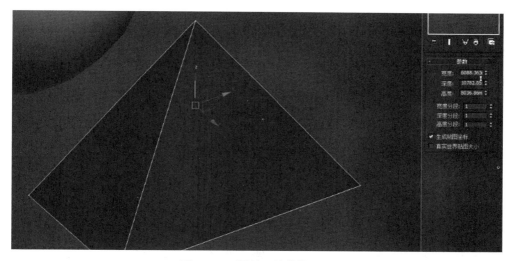

图 4 - 28　调整四棱锥的深度

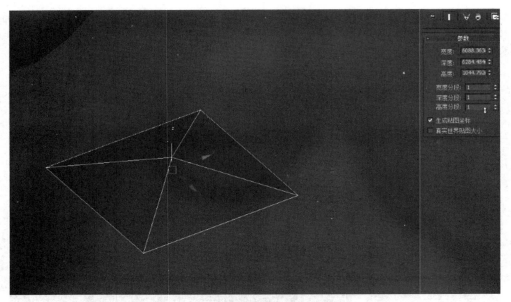

图 4 - 29　调整四棱锥的高度

│第十节│　创建茶壶

（1）在　█　创建命令面板中单击茶壶按钮，建立一个参数如图 4 - 30 所示的茶壶。

图 4 - 30　茶壶

（2）在 ▣ 修改命令面板的茶壶卷展栏中，调节茶壶部件，可以显示或不显示，如图 4-31；调节茶壶分段，如图 4-32；可以局部调整茶壶圆滑度。

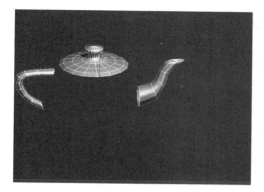

图 4-31 调节茶壶部件

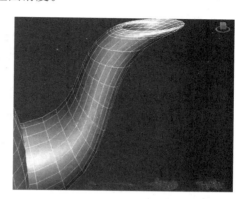

图 4-32 调节茶壶分段

第十一节 | 创建平面

（1）在 ● 创建命令面板中，单击平面按钮，建立一个参数如图 4-33 所示的平面。

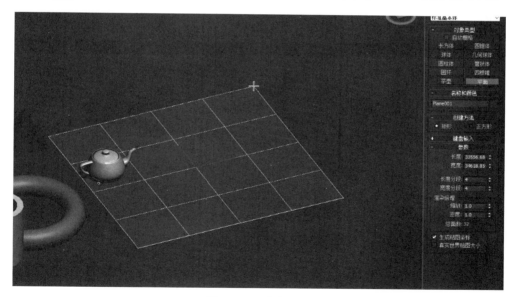

图 4-33 建立平面

（2）在 ▣ 修改命令面板的平面卷展栏中，调节平面长度分段、宽度分段，将参数作如图 4-34 的设置。

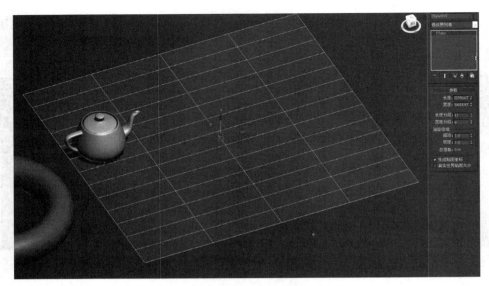

图 4－34 调节平面长度分段、宽度分段

｜第十二节｜ 创建圆柱体

在 ⬤ 创建命令面板中，单击圆柱体按钮，建立一个如图 4－35 所示的圆形平面。

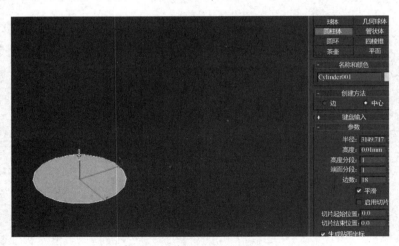

图 4－35 建立圆形平面

选中圆形平面，按住鼠标左键向上拖拽，创建圆柱体，如图 4－36 所示。

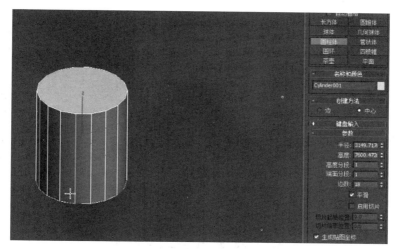

图 4 - 36　创建圆柱体

调整圆柱体的半径、高度、高度分段、端面分段、边数等参数,如图 4 - 37 所示。

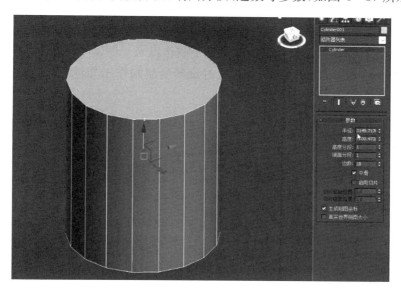

图 4 - 37　调整圆柱体的参数

第十三节｜案例分析(一)

案例:建模"亭子",如图 4 - 38 所示。

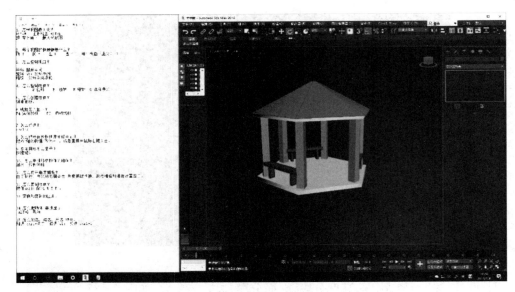

图 4 - 38　亭子

制作步骤：创建面板—创建圆柱体，修改相关参数，创建长方体，复制长方体作为亭子的柱子，通过旋转复制和角度捕捉将其他 5 个柱子制作出来。创建圆锥体，修改基本参数。创建长方体，制作成小凳子，将小凳子打组，通过旋转复制制作出其他两个小凳子。渲染并保存成 JPEG 格式。

第十四节　拓展训练

通过对"亭子"的制作，掌握了基本几何体工具和修改器命令的使用方法，如长方体命令、圆锥体命令、旋转工具、捕捉工具和移动工具等，结合调整、移动、修改，掌握了各种几何体造型的操作，这些都是 3ds Max 入门基本操作，掌握好将为以后的学习打下良好基础。可以自己尝试着建模"一座桥"。

第十五节　扩展几何体

单击命令面板→创建面板，展开下拉菜单，第二个选项就是扩展基本体，里面有异面体、切角长方体、环形结、胶囊、油罐等比较复杂的模型，操作方法与标准基本体相似：先调整参数，再拉出顶点、边、面来建模。

|第十六节|　创建异面体

在  创建命令面板中，单击"异面体"按钮，弹出异面体参数设置卷展栏，选择并创建一个异面体，如图 4 - 39 所示。

图 4 - 39　选择异面体

设置八面体的参数，如图 4 - 40 所示。

图 4 - 40　八面体

设置二十面体的参数,如图 4-41 所示。

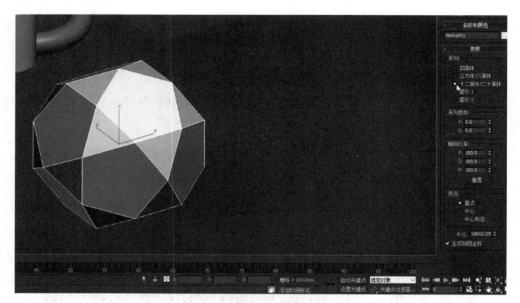

图 4-41 二十面体

设置星形 1 的参数,如图 4-42 所示。

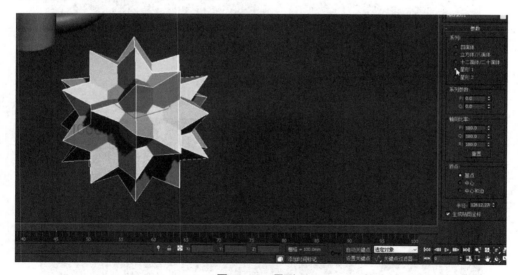

图 4-42 星形 1

设置星形 2 的参数,如图 4-43 所示。

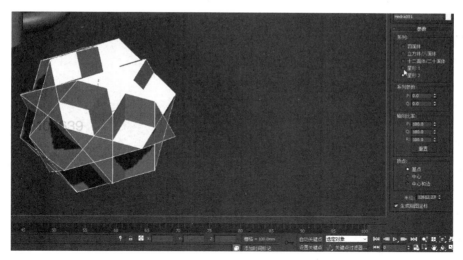

图 4 - 43　星形 2

第十七节　创建环形结

在 ⊙ 创建命令面板中,单击"环形结"按钮,弹出环形结参数设置卷展栏,选择并创建一个环形结,如图 4 - 44 所示。

图 4 - 44　环形结

调整结的基础曲线参数,可改变模型造型,如图 4 - 45 所示。

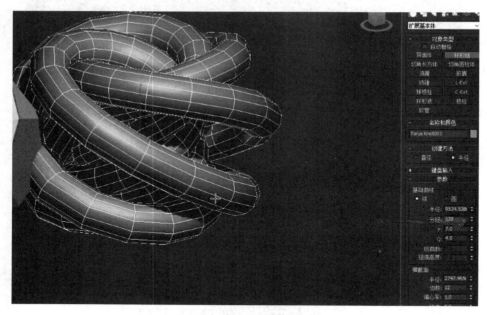

图 4 - 45 调整参数

第十八节 创建切角长方体

在 ⬛ 创建命令面板中,单击"切角长方体"按钮,弹出切角长方体参数设置卷展栏,创建切角长方体,如图 4 - 46 所示。

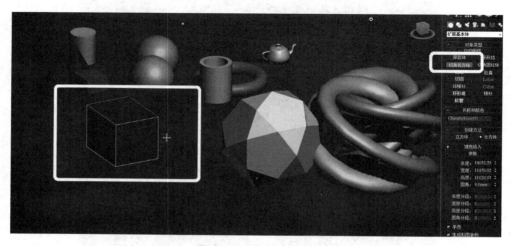

图 4 - 46 切角长方体

调数圆角分段的数值,可改变模型边角造型,如图 4 – 47 所示。

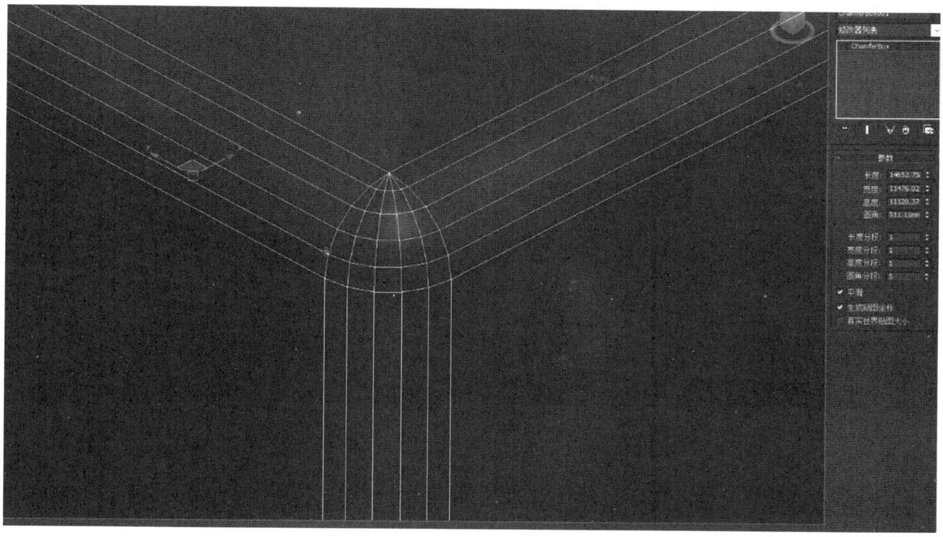

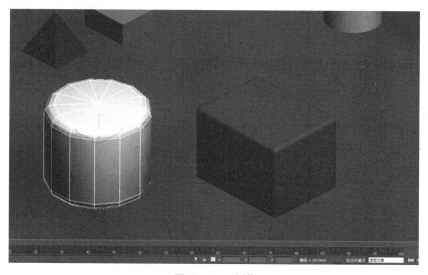

图 4 – 47 调整圆角分段

第十九节 创建其他扩展基本体

在 ⬛ 创建命令面板中,单击切角圆柱体、油罐、胶囊等按钮,弹出模型参数设置卷展栏,创建模型,如图 4 – 48～图 4 – 52 所示。

图 4 – 48 油罐

图 4 - 49　油罐创建 1

图 4 - 50　油罐创建 2

图 4 - 51　油罐创建 3

图 4 - 52　胶囊

构建扩展基本体的操作手法与构建标准基本体相似,同学们可以自行练习构建上述的扩展基本体,自主设置每一个参数对应的属性。

小结

通过学习构建扩展几何体,我们可以快速地搭建扩展几何体,而无需通过手动操作来一步步创建,可以通过调整参数将简单的几何形体制成复杂的模型。同学们要学会举一反三,为以后复杂模型的创建打下良好基础。

第二十节　标准样条线

之前的章节我们已经介绍了标准基本体、扩展几何体,本节我们介绍标准样条线的用法。当我们遇到复杂的模型时,可以使用标准样条线画出模型的形状,结合修改器,实现模型的搭建。样条线种类如图 4 - 53 所示。

例如长方体,我们可以通过样条线画出二维的长方形,使用"挤出"修改器,创造出长方体,如图 4 - 54;又如酒杯,我们用样条线画出酒杯侧面的轮廓,使用"车削"修改器,创造出酒杯模型等。

图 4 - 53　样条线

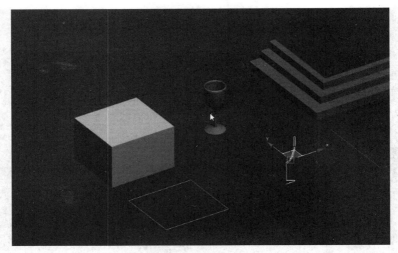

图 4-54 创造长方体

第二十一节 ┃ 创建矩形样条线

在 ◙ 创建命令面板中，单击"矩形"按钮。按住鼠标左键创建矩形样条线，如图 4-55 所示。

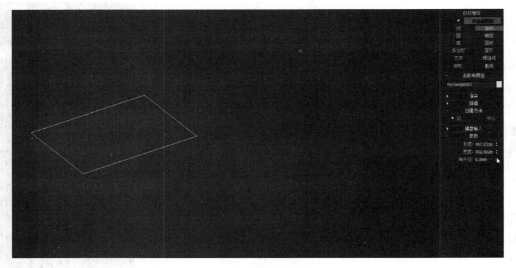

图 4-55 矩形样条线

调整矩形样条线参数，设置角半径，矩形样条线边角发生改变，如图 4-56 所示。

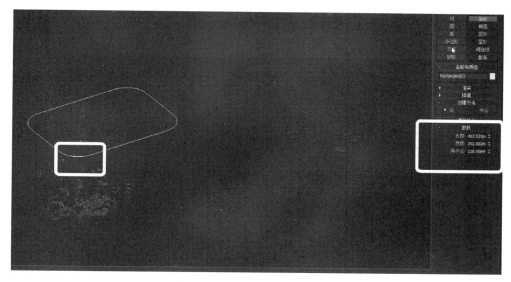

图 4 - 56 调整矩形样条线参数

第二十二节 │ 创建圆形样条线

在 ▨ 创建命令面板中,单击"圆"按钮。按住鼠标左键创建圆形样条线,如图 4 - 57 所示。

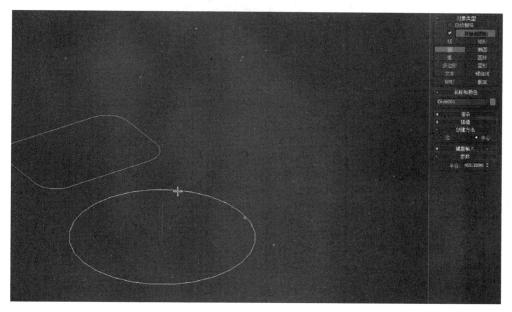

图 4 - 57 创建圆形样条线

绘制圆形样条线有两种方法，一种是从圆"边"开始画，一种是从圆"中心"开始画，如图4-58所示。

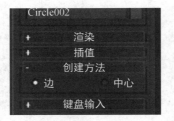

图4-58　两种绘制方法

第二十三节 │ 创建椭圆样条线

在 创建命令面板中，单击"椭圆"按钮。按住鼠标左键创建椭圆样条线，如图4-59所示。

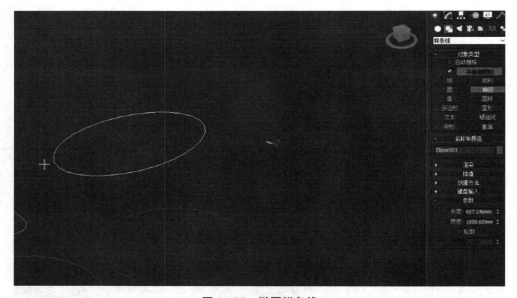

图4-59　椭圆样条线

调整椭圆样条线参数，椭圆定义中的长和宽即椭圆横向的轴和纵向的轴，通过调节长度和宽度改变椭圆样条线的形体，如图4-60所示。

图 4－60　调整椭圆样条线参数

第二十四节　创建弧线

在 创建命令面板中,单击"弧"按钮。选择"端点—端点—中央"方式绘制弧线,如图 4－61 所示。

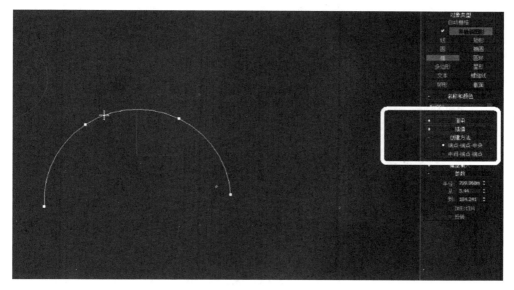

图 4－61　绘制弧线(1)

也可选择"中间－端点－端点"方式绘制弧线,如图 4‑62 所示。

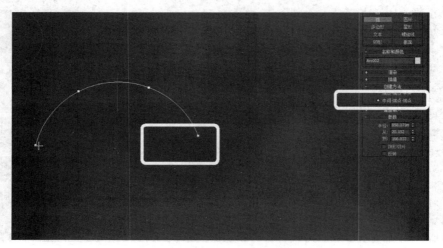

图 4‑62　绘制弧线(2)

第二十五节 │ 创建圆环样条线

在 ⬛ 创建命令面板中,单击"圆环"按钮。按住鼠标左键创建圆环,如图 4‑63 所示。圆环呈嵌套关系,形成镂空的结构。

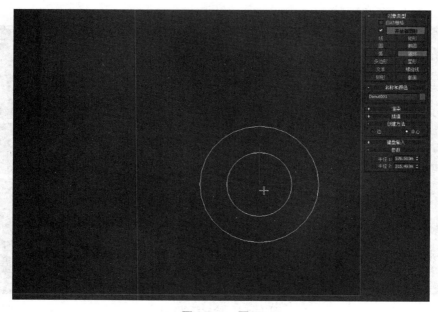

图 4‑63　圆环

对圆环样条线使用"挤出"修改器，如图4-64所示。

图4-64　使用"挤出"修改器

"挤出"前后效果如图4-65和图4-66所示。

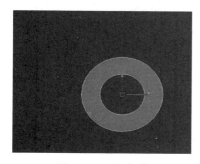

图4-65　挤出前

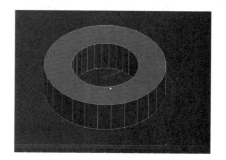

图4-66　挤出后

第二十六节 创建多边形样条线

在 创建命令面板中,单击"多边形"按钮。按住鼠标左键创建多边形,如图 4 - 67 所示。调整多边形样条线参数。

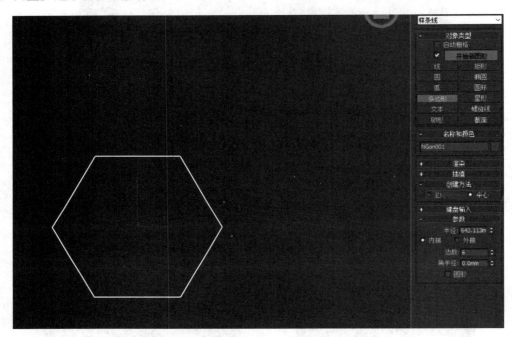

图 4 - 67　多边形

多边形样条线可从"边"开始创建,也可从"中心"向外扩散创建。参数中"边数"调整多边形边数,"半径"调整多边形大小,"角半径"调整多边形每个角的平滑度。

第二十七节 创建星形样条线

在 创建命令面板中,单击"星形"按钮。按住鼠标左键创建星形,如图 4 - 68 所示。调整多边形样条线参数,效果如图 4 - 69。

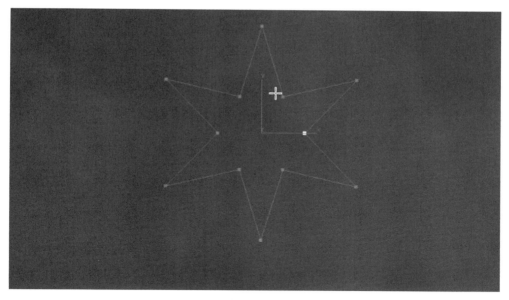

图 4‑68 星形

图 4‑69 调整星形参数

第二十八节 创建文本样条线

在 创建命令面板中，单击"文本"按钮。按住鼠标左键创建文本，如图 4‑70 所示。在文本参数区自定义文本内容，文本样条线也会随之改变。

通过调整文本的参数可以改变文字的大小、文字的字间距和行间距等。

图 4-70 文本

第二十九节 | 创建螺旋线样条线

在 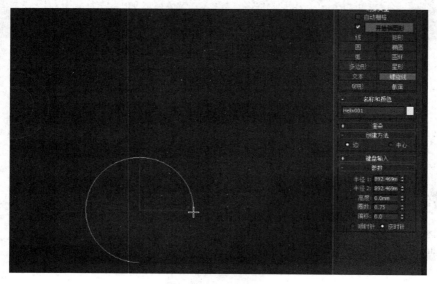创建命令面板中，单击"螺旋线"按钮。单击鼠标左键三下，分别确定螺旋线的底半径、螺旋线的高度、螺旋线的顶半径，如图 4-71、图 4-72 所示。

图 4-71 螺旋线

图 4－72　螺旋线的高度

　　螺旋线的底半径控制螺旋线底大小,顶半径控制螺旋线顶大小,高度控制螺旋线的高,圈数控制螺旋线的旋转圈数,顺时针和逆时针方向旋转起始点控制螺旋线的形状,如图4－73所示。

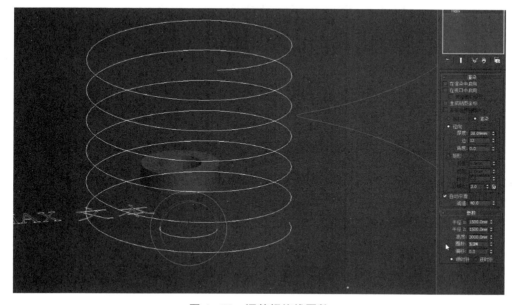

图 4－73　调整螺旋线圈数

小结

通过学习构建标准样条线,我们可以快速地绘制出几何体平面样条,搭配修改器可实现复杂模型的搭建。同学们要学会举一反三,为以后复杂模型的创建打下良好基础。

<h1 style="text-align:center">│第三十节│ 样条线创建</h1>

当我们要创建一些不规则的二维样条线时,需用样条线手工画出我们需要的形状了。下面介绍"线"的画法,如图 4 - 74 所示。

图 4 - 74 线

选择"线",在视窗中连续画出短线条,如图 4 - 75 所示。

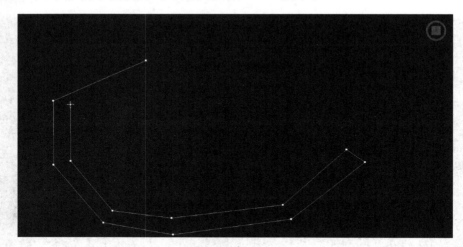

图 4 - 75 短线条

按住鼠标左键不放,拖拽鼠标,调节线条曲率,线条变成弧形,如图 4 - 76 所示。

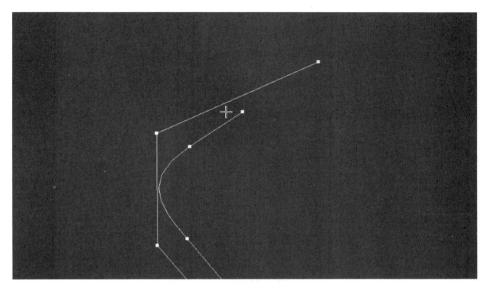

图 4 - 76 弧线

可以进入参数设置面板,选择弧线的初始类型和拖动类型,如图 4 - 77 所示。

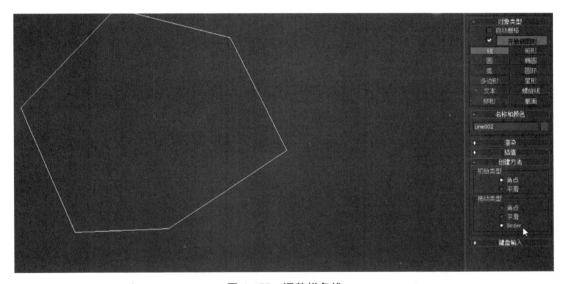

图 4 - 77 调整样条线

如果想要调整样条线形状,可以切换到修改器面板,进行参数设置,如图 4 - 78 所示。

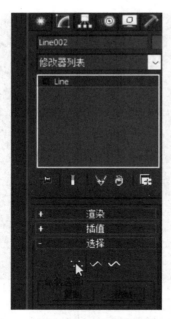

图 4-78　修改器面板

　　框选所有的点后,单击右键,打开菜单,有四种顶点状态,选择 Bezier 角点,所有被选中的顶点(红色)两边出现绿色的 Bezier 杠杆角点,调整点,拉出弧线,如图 4-79~图 4-81 所示。

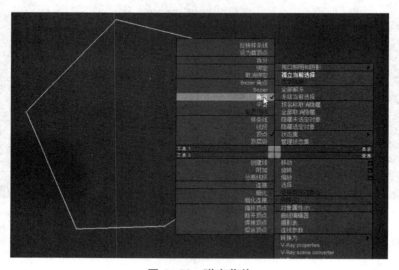

图 4-79　弹出菜单

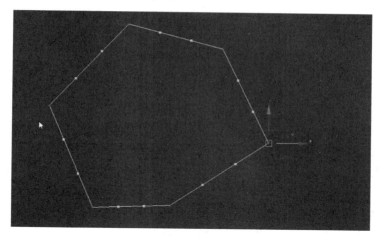

图 4 - 80　绿色的 Bezier 角点

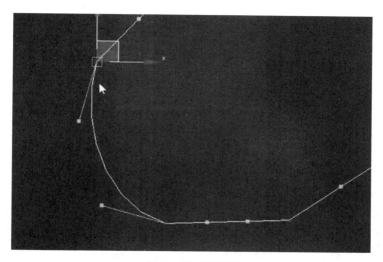

图 4 - 81　调节点

选择 Bezier 点，如图 4 - 82 所示，使顶点没有棱角。

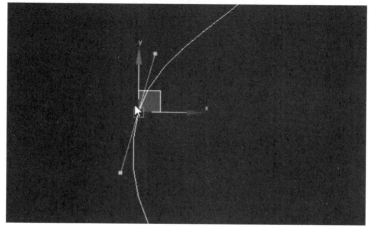

图 4 - 82　选择 Bezier 点

右击,在菜单中选择平滑,如图 4-83 所示,顶点处自动变为圆角。

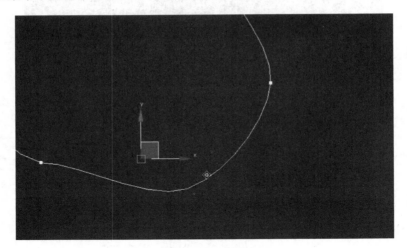

图 4-83　平滑

放大样条线,可以看到很多小顶角,如需使顶角处平滑,可设置样条的参数,选择"插值",将步数值加大,如图 4-84 所示,数值越大,样条越平滑,越没有棱角。

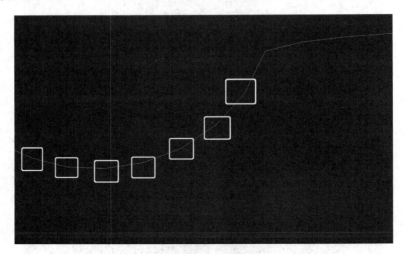

图 4-84　调整插值

小结

本节我们掌握了样条线的编辑方法。如需调整样条线的形状,就选中样条线上的点,右击,打开菜单,选择 Bezier 点、Bezier 角点、平滑等,调节样条线形状,实现需要的样条线造型,再结合修改器搭建模型。这些都是 3ds Max 的入门基本操作,掌握好可为以后的学习打下良好基础。

第三十一节　修改器点层级

二维图形是由一条（多条）曲线或直线组成的对象。使用系统提供的二维图形命令可以绘制简单的二维图形，也可以通过使用修改器将它们转换为复杂的三维图形。

第三十二节　编辑顶点

（1）选择要编辑的样条线对象，在修改器面板单击【选择】卷展栏中的按钮进入顶点对象编辑状态（图4-85）。用户不仅可以使用变换工具对顶点进行移动、旋转等操作，还可以使用"几何体"卷展栏中的命令对所选择的顶点对象进行相应的操作，常用的命令如下。

- 断开：选择顶点对象后单击该按钮，可将样条线从选择的顶点处断开，并将顶点一分为二。
- 优化：单击该按钮后，可在样条线上插入新的顶点。
- 焊接：可将两个端点顶点或同一样条线中的两个相邻顶点焊接在一起，成为一个顶点，可在其后的微调器中设置焊接的范围。
- 连接：将两个端点顶点以一条线段连接起来。
- 插入：可在样条线上插入一个或多个顶点创建多条线段。
- 设为首顶点：可将当前选择的顶点设置为首顶点。
- 圆角：用曲线连接两条边相交处的顶点，以达到圆角的效果。

图4-85　顶点

- 切角：与圆角命令相似，但是用直线连接两条边相交处的顶点。

下面用实例展现这些命令的使用方法。

① 在顶视图中创建一个矩形，将矩形转换成可编辑样条线，然后单击"选择"卷展栏中的"顶点"按钮，进入顶点对象编辑状态，在视图中选择矩形的两个顶点，单击"几何体"卷展栏中"断开"按钮，即可从选择的顶点处断开样条线，如图4-86和图4-87所示。

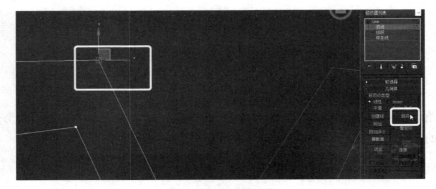

图 4-86 选择顶点

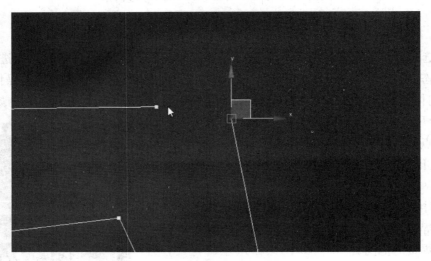

图 4-87 断开

② 单击"优化"按钮,然后在视图中将指针移动到想要插入顶点的位置,单击,插入一个新的顶点,如图 4-88 所示。

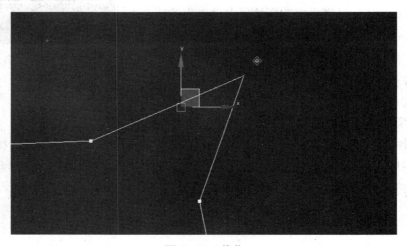

图 4-88 优化

③ 单击"连接"按钮,在需要连接的第一个顶点处单击并拖动指针至第二个顶点,松开鼠标即可将两条样条线连接成一条样条线,如图 4-89 所示。

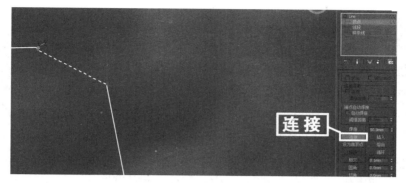

图 4-89　连接

④ 使用移动工具将图中分开的顶点移动到一起,然后同时选中这两个不相连的顶点,单击"焊接"按钮,即可将两个顶点焊接成一个顶点,如图 4-90 所示。

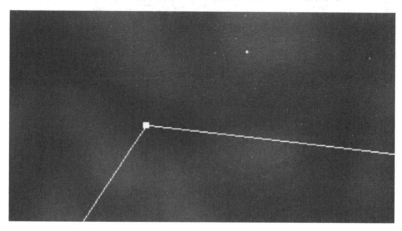

图 4-90　焊接

⑤ 单击"插入"按钮,将指针移动到要插入线段的位置,单击,即可开始创建顶点并添加新的线段,如图 4-91 所示。

图 4-91　插入

⑥ 在视图中选择要进行圆角处理的顶点,单击"圆角"按钮,在微调器中输入圆角的值,按回车键完成圆角处理,效果如图4-92所示。用同样的方法对选择的顶点进行切角处理。

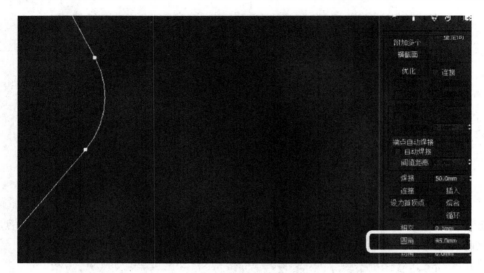

图4-92　圆角

(2) Vertex点的4种句柄属性如下:

Smooth(自动光滑点):当点的位置固定时不能改变线的弧度,只有移动点才能改变弧度。

Corner(直角点):与点相邻的两条线段垂直。

Bezier(贝塞尔点):在点的两端产生贝塞尔句柄,调整句柄可使曲线产生相切的效果。

BezierCorner(贝塞尔直角点):点两端的句柄可以自由调节。

(3) 实例演示。通过制作一个陶立克柱的实例,了解利用点层级的Refine(细分)命令,体验点级别的修改操作和堆栈的使用方法。

第三十三节　案例分析(二)

案例:制作一个瓶子,如图4-93所示。

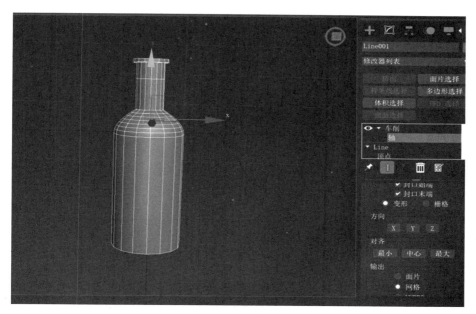

图 4 - 93　瓶子

① 在前视图中创建一条样条线，样条线的参数以实际要制作的瓶子的高度为标准建立，如图 4 - 94 所示。

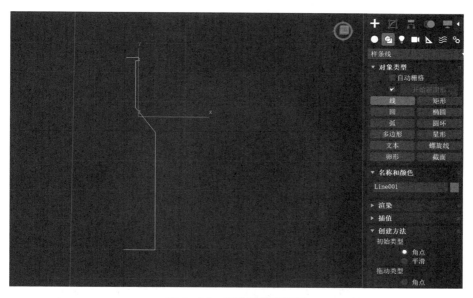

图 4 - 94　用样条线画瓶身

② 进入修改面板，选择矩形对象的次对象层级"点层级"，选择优化命令，在矩形一侧的上下两端加入需要的点，如图 4 - 95 所示。

图 4-95 点层级

③ 勾选 Bezier 角点,通过句柄调整点的位置和细节形态,得到满意的截面。

④ 在修改器下拉列表里选择车削命令。此时三维柱体已经产生,但并不是我们想要的状态,需修改对齐方式,选择对齐中的最小。最终正确的瓶子的立体效果如图 4-96 所示;调整 Y 轴中心,如图 4-97 所示。

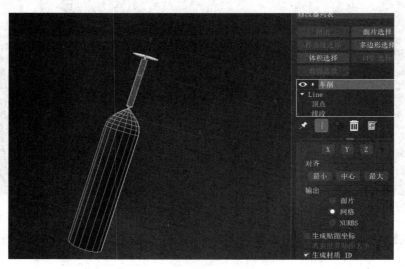

图 4-96 车削与对齐

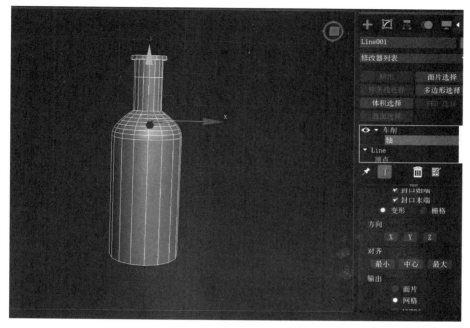

图 4-97 调整 Y 轴

| 第三十四节 | 修改器线段层级

　　线段是连接两个顶点的线或边。选择可编辑的样条线对象后,在修改器的修改堆栈中选择"线段"子对象类型或单击"选择"卷展栏中的按钮,均可进入线段子对象编辑状态。

| 第三十五节 | 线段断开

　　在"几何体"卷展栏中单击"断开"按钮,在线段的任意位置单击,可以在线段上增加一个顶点从而把线段分开。如图 4-98 所示。

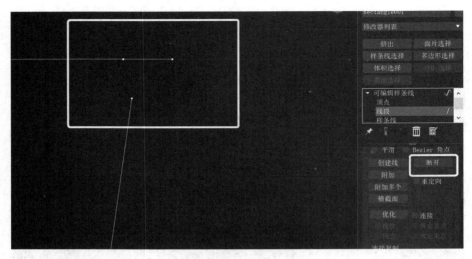

图 4-98 断开

第三十六节 │ 线段拆分

拆分命令可以将选中的线段拆分成若干条线段。选择一条线段后,在"拆分"后的微调器中输入要插入的顶点数,单击"拆分"按钮即可以对选中的对象进行拆分,如图 4-99 所示。

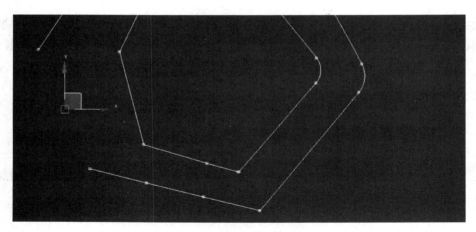

图 4-99 拆分

第三十七节 线段优化

单击"优化"按钮后可在样条线上插入新的顶点,如图 4 - 100 所示。

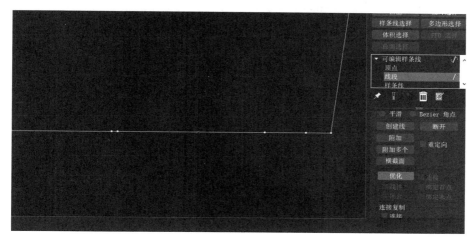

图 4 - 100 优化

第三十八节 线段的其他操作

(1)对线段进行等分操作

① 创建一条线;

② 进入修改器;

③ 在次对象层级选择"段"层级;

④ 选中要修改的线段;

⑤ 输入要添加的点的数量;

⑥ 单击拆分按钮,把线段分为了多个等份。

(2)对长方形进行倒角操作(图 4 - 101)

① 选择"圆角",输入圆角的值或直接拖动鼠标进行修改。

② 选择"切角",输入切角的值或直接拖动鼠标进行修改。

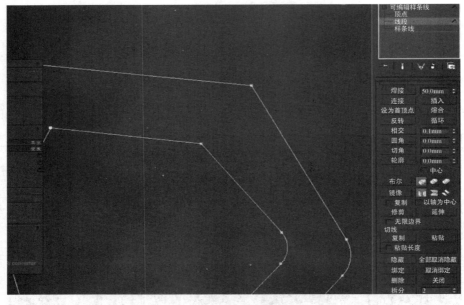

图 4 - 101 倒角

第三十九节 │ 编辑样条线

单击"选择"卷展栏中的"样条线"按钮,进入样条线子对象编辑状态。

(1)合并。利用鼠标单击两个或多个独立的二维图形,使之变成复合图形,如图 4 - 102 所示。

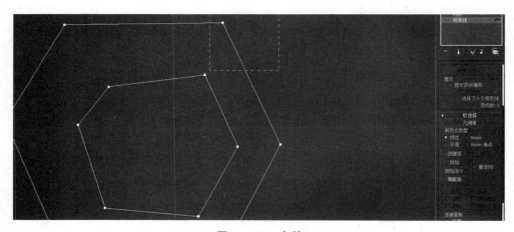

图 4 - 102 合并

(2)合并,通过对话框选择对象,使两个或多个独立的二维图形变成复合图形。

（3）轮廓，使用轮廓按钮可以创建选中的样条线的副本轮廓线，在其后的微调器中输入不同的值可动态地调整轮廓线的位置。

（4）布尔，布尔运算可以使两个重叠、封闭、非自交的图形通过数学逻辑运算产生新的图形，包括并集、差集和交集3种运算。在进行布尔操作前应确保样条线是封闭图形，且两个样条线必须相互重叠、不自交。在进行并集运算时，两个样条线的相交区域将合并；在进行差集运算时，将从第一条样条线上删除和第二条样条线相互重叠的部分；在进行交集运算时，将两个样条线的非重叠部分删除（图4-103）。

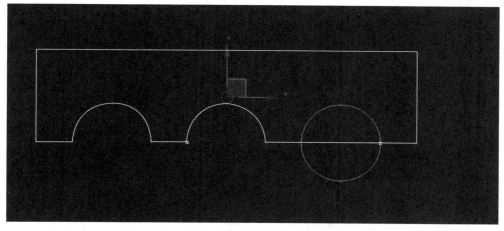

图4-103 布尔运算

（5）镜像，可以沿长、宽或对角方向镜像样条线。镜像按钮后有3个供选择的镜像方向按钮，分别为水平镜像、垂直镜像和双向镜像。选择方向按钮后，再单击镜像即可进行操作。如果选中其下方的复制复选框，则在镜像样条线的同时将复制样条线；如果选中以轴为中心复选框，将以样条线对象的轴点为中心镜像样条线，如图4-104所示。

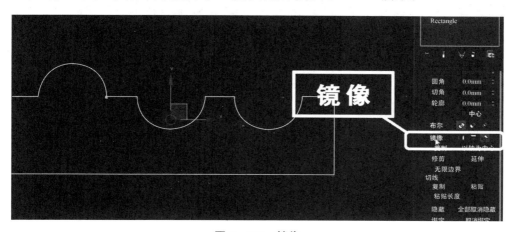

图4-104 镜像

（6）修剪，修剪掉两个样条线子对象之间重叠的部分。修剪时，样条线必须相交，单击要修剪的部分即可将其修剪掉,如图 4 - 105 所示。

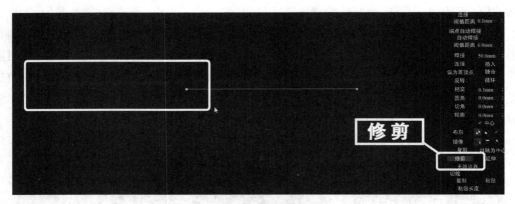

图 4 - 105　修剪

（7）延伸,延伸所选子对象的端点,使之和样条线对象相交。单击延伸按钮,然后单击要延伸的子对象的端点即可延伸,如图 4 - 106 所示。

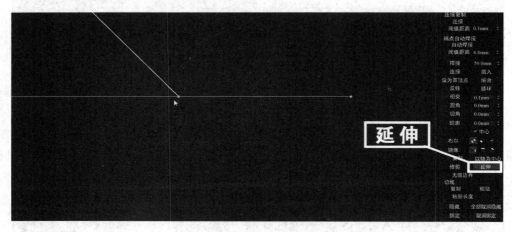

图 4 - 106　延伸

（8）关闭,单击关闭按钮将连接未封闭样条线的首顶点和末端点,从而使样条线闭合。可以通过选中显示顶点编号复选框来检查。

|第四十节| 案例分析（三）

案例:运用样条线制作开窗的墙体,如图 4 - 107 所示。

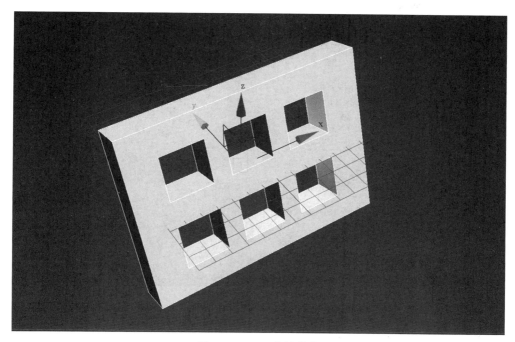

图 4 - 107　开窗的墙体

用样条线子对象层级的命令完成制作，制作步骤如下：

（1）在前视图中建立矩形墙面，在矩形内绘制 1 个小矩形，然后按住 Shift 键复制出 5 个小矩形，如图 4 - 108 和图 4 - 109 所示。

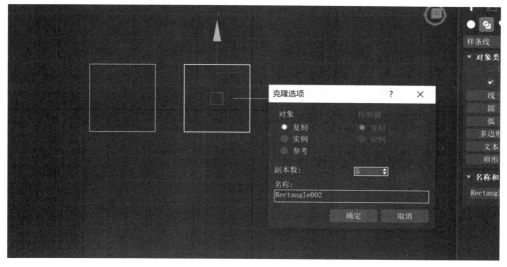

图 4 - 108　绘制矩形

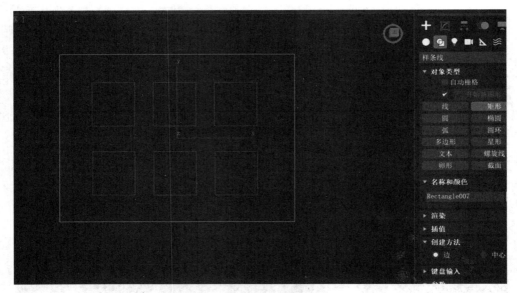

图 4 - 109　复制出小矩形

（2）选择墙体，进入修改器。

（3）点开子层级，进入样条线层级，在样条线修改器选择"附加多个"命令，在视图中拾取 6 个小矩形，此时 7 个矩形被合并成为一体了，如图 4 - 110 所示。

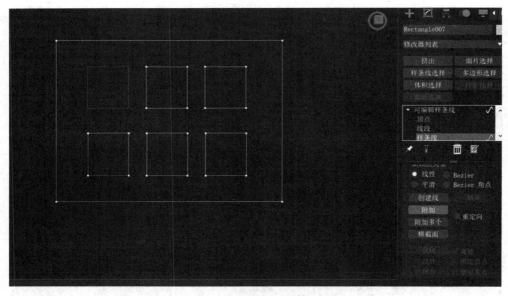

图 4 - 110　拾取多个矩形并合并

（4）在修改器下拉命令中选择"挤出"命令，设置挤出的参数，即墙体的厚度，这样一个有开窗的墙体就制作完成了，如图 4 - 111 所示。

图 4‑111 挤出

小结

通过对样条线及其命令的学习,我们可以快速地运用样条线绘制物体轮廓造型,搭配修改器制作出复杂的几何体,无需手动操作一步步创建物体。同学们要学会举一反三,为以后复杂模型的创建打下良好基础。

| 第四十一节 | 描线实例

运用样条线将图 4‑112 猫咪的二维图形转变成三维模型。

图 4‑112 猫咪

（1）创建平面，如图 4-113 所示。

图 4-113　创建平面

（2）调整平面参数：长度分段＝1，宽度分段＝1，如图 4-114 所示。

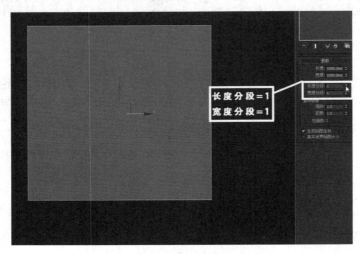

图 4-114　调整平面参数

（3）按快捷键 M，打开材质贴图窗口，选择一个材质球，如图 4-115 所示；点选"漫反射"，弹出贴图窗口，如图 4-116 所示。

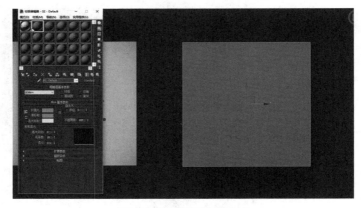

图 4-115　材质贴图窗口

图 4 - 116　漫反射

（4）选择位图，再选中猫的二维图像，点击确定。此时，二维图像载入平面中，如图 4 - 117 所示。

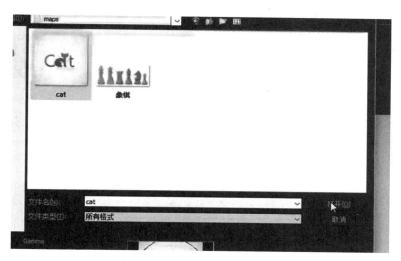

图 4 - 117　载入猫的二维图像

然后鼠标左键点击"　　　　　　　　　　"按钮，将图像显示在平面模型上。

（5）选择平面，单击移动工具，弹出移动变换输入窗口。选择 Z 区间，将 Z 值改为 -10 mm，整个平面向网格后面移动 10 mm 的距离，可便于勾线，如图 4 - 118 所示。

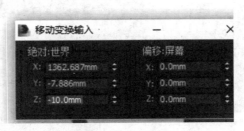

图 4‑118　选择 Z 区间

（6）选择"线"工具，由猫图形的脚掌处向上勾线，勾出猫咪的整个外轮廓，如图 4‑119 所示。

图 4‑119　勾线

（7）选中所有点，单击鼠标右键，弹出选项，选择 Bezier 角点，所有点都弹出 Bezier 杠杆，调整直线为曲线线条，如图 4‑120 和图 4‑121 所示。

图 4‑120　调整直线为曲线

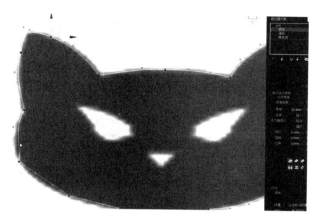

图 4 - 121 选择 Bezier 角点

（8）猫咪身体轮廓绘制完成后，选择"开始新图形"，去掉勾选的复选框，然后绘制猫的眼睛和鼻子的轮廓，如图 4 - 122～图 4 - 124 所示。此时，所有线条作为一个整体存在。

图 4 - 122 调整 Bezier 点

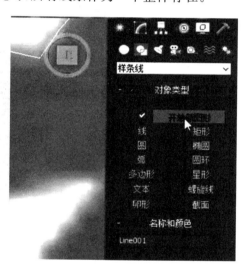

图 4 - 123 选择"开始新图形"

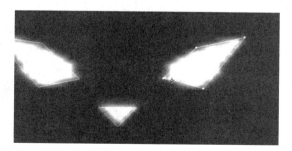

图 4 - 124 绘制眼睛

（9）进入修改器面板，选择猫咪样条，然后选择"挤出"修改器，如图 4 - 125 所示。

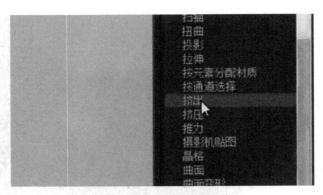

图 4 - 125 "挤出"修改器

立体猫咪模型产生,在"挤出"修改器参数面板调整参数:数量＝10 mm,猫咪身体模型制作完成,如图 4 - 126 和图 4 - 127 所示。

图 4 - 126 "挤出"猫咪模型

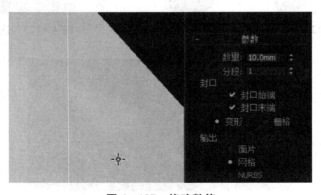

图 4 - 127 修改数值

(10) 猫咪尾巴和字母"t"与猫咪身体的制作方法一致:运用样条线绘制轮廓,然后进入点、线段、样条线层级,修改轮廓形状,创建 Bezier 杠杆,调整线条,对样条线使用挤出修改器,调整挤出参数(数量＝10 mm),如图4‐128所示,如此便完成整个图形从二维到三维模型的转变。

图 4‐128　三维模型效果图

小结

通过样条线学习,让我们了解到二维图形在创建完成后,只能对一些基本参数进行调整,如要对圆的半径,矩形的长度、宽度等进行编辑修改,需要将其转换成可编辑的样条线。基本操作方法是选择要转换成可编辑样条线的二维图形,然后单击【修改】按钮切换到【修改】命令面板,在【修改器列表】中选择【编辑样条线修改器】选项。用户可以对图形的顶点、线段、样条线对象进行编辑修改,并结合修改器使用。我们掌握了各种几何体造型的制作方法,为以后的学习打下了良好基础。

第五章

05

修改器命令面板

教学目标:熟悉 3ds Max 修改器命令的运用

重点难点:倒角剖面修改器、法线修改器、FFD 修改器

教学方法:教师进行理论知识讲解,演示操作过程,指导学生练习

| 第一节 | 堆栈面板

堆栈是一个计算机术语,它用来记录对二维和三维对象所做的各种修改,包括创建参数,但不包含变换操作。即堆栈就是记录制作场景过程的档案。修改器中的堆栈控件显示在修改面板顶部,其修改器列表的下拉菜单如图 5-1 所示。

修改器堆栈(简称"堆栈")包含项目累积的历史记录,有所应用的创建参数和修改器。堆栈的底部是原始项目。对象的上面是修改器。从下到上的顺序便是修改器应用于对象几何体的顺序。

图 5-1　修改器列表

| 第二节 | 堆栈显示

修改器堆栈的组织方式如下:

(1)堆栈最底部的条目始终列出的是对象的类型。单击此条目即可显示对象的创建参数,以便对其进行调整。单击选择修改器堆栈中的某个条目之后,其将在堆栈显示下的卷展栏中高亮显示,表示该条目是当前选中的条目,并且对象或修改器中的参数可进行调整。

(2)对象上面是对象空间的修改器条目。单击修改器条目即可显示修改器的参数,以便对其进行调整。此部分可用于返回所应用的任何修改器,并调整对象的影响。可以从堆栈中删除修改器,从而取消其影响效果。

在堆栈中,每个修改器的左侧都是一个电灯泡图标。当电灯泡显示为白色时,修改器将应用于其下面的堆栈。当电灯泡显示为灰色时,修改器将禁用。单击可切换修改器的启用/禁用状态。

打开层次之后,可以选择一个子控件(如 Gizmo)对其进行调整。可用子控件因修改器而异。

拥有子对象层次的对象(如可编辑网格和 NURBs)会在修改器堆栈中显示折叠的层次。

要对子对象级别进行操作,可先单击打开层次,然后再次单击以选择子对象级别。此级别的控件或子对象的类型将显示在堆栈显示下的卷展栏中。某些类型的子对象在堆栈的右侧会显示一个图标,以方便查看子对象的类型,如图 5 - 2 所示。

图 5 - 2　子对象级别

|第三节| 工具按钮

工具按钮是位于堆栈显示下面的一行按钮,用于管理堆栈。

锁定堆栈:将堆栈锁定到当前选定的对象,无论后续如何选择更改,它都属于该对象。同时整个修改面板也将锁定到当前对象。锁定堆栈非常适用于要保持已修改对象堆栈不变的情况下变换其他对象。

显示最终结果:显示堆栈中所有修改完毕后出现的选定对象,与当前堆栈中的位置无关。禁用此切换选项之后,对象将显示为对堆栈中的当前修改器所做的最新修改。

使唯一:将实例化修改器转化为副本,它对于当前对象是唯一的。

移除修改器:删除当前修改器或取消绑定当前空间扭曲。

配置修改器集:单击可弹出【修改器集】菜单。

|第四节| 挤出修改器

由二维图形创建三维对象时,可以对图形应用挤出修改器。

对于任意一个二维图形使用"Extrude"命令,通过向图形添加高度并使用挤出修改器生成三维物体。如图 5 - 3 和图 5 - 4 所示,是二维图形的文字经过挤出后生成三维模型。

图 5-3　"Extrude"命令

图 5-4　挤出

　　3ds Max 的挤出命令具有将二维图形拉伸出一定厚度的功能,其参数卷展栏如图 5-5 所示,参数的含义如下:

图 5-5　挤出命令

- 数量:设置挤出的厚度。
- 分段:设置在挤出方向上的分段数,做弯曲操作时,数值越大越光滑。
- 封口始端|封口末端:控制始端和末端是否封闭,即设置是否有端面。

│第五节│ 案例分析

案例:挤出矩形几何体,参数设置如图5-6所示。

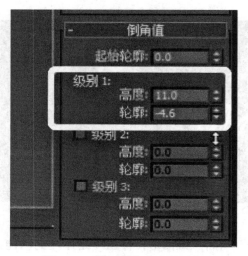

图5-6 矩形样条线参数设置

(1)运用矩形样条线绘制一个矩形,如图5-7所示。

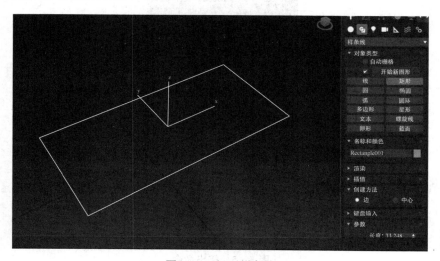

图5-7 矩形样条线

（2）单击"修改"按钮切换到修改命令面板，选择修改器列表中的"挤出"选项，如图 5-8 所示，设置挤出的数量为 19，挤出的矩形效果如图 5-9 所示。

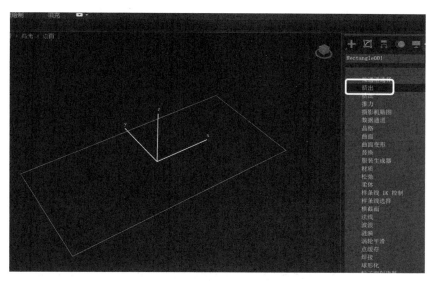

图 5-8 "挤出"选项

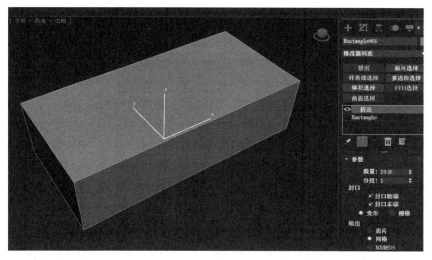

图 5-9 "挤出"矩形

第六节 车削修改器 1

车削修改器通过旋转一个二维图形或 NURBS 曲线来产生三维造型。这是一个非常实用的造型工具,大多数中心放射物体都可以用这种方法完成。它也可以将完成后的造型输出成面片物体或 NURBS 物体。

使用车削命令可以绕轴旋转二维图形,以创建出 3D 模型。如利用车削命令制作花瓶等。图 5－10 是用次命令制作的花瓶。

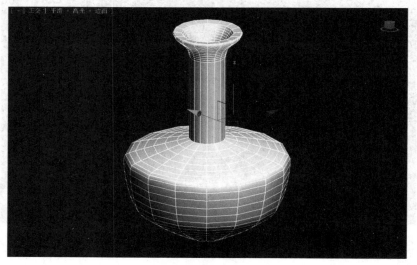

图 5－10　花瓶

（1）选择样条线,绘制出花瓶一边的外轮廓线条,如图 5－11 所示。

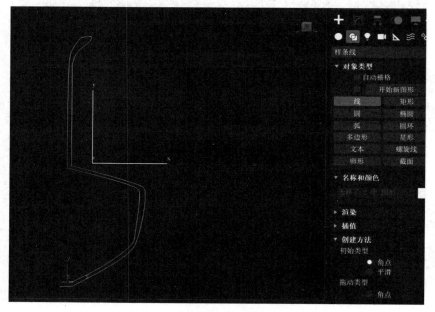

图 5－11　样条线绘制花瓶一边

（2）进入修改面板,选择修改器列表中的车削修改器。将车削修改器添加到绘制出来的样条线上,通过绕轴旋转来创建花瓶模型。调整 Y 轴中心到适当的位置完成制作,如图

5-12所示。

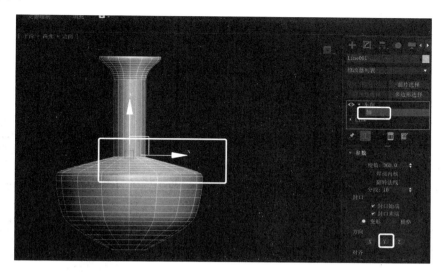

图 5-12　调整轴中心

第七节　车削修改器参数面板

（1）度数：确定对象绕轴旋转多少度（0 至 360，默认值是 360），如图 5-13所示，可以给出度数，设置关键点，来设置车削对象的动画。车削中心轴会自动将尺寸调整到与车削图形同样的高度。

（2）焊接内核：通过将旋转轴中的顶点焊接来简化网格，如图 5-13所示。如果要创建一个变形目标，将禁用此选项。

（3）翻转法线：依据图形上顶点的方向和旋转方向，旋转对象可能会内部外翻。

（4）分段：确定在曲面上创建多少插补线段。此参数也可设置动画，默认值为 16。

（5）"封口"组：如果设置的车削对象的"度"小于360，该项控制是否在车削对象内部创建封口。

图 5-13　车削修改器参数面板(1)

① 封口始端：封口设置的"度"小于 360 的车削对象的始点形成闭合图形。

② 封口末端：封口设置的"度"小于 360 的车削对象的终点形成闭合图形。

（6）变形：按照创建变形目标所需的可预见且可重复的模式排列封口面。渐进封口可以产生细长的面,且不像栅格封口需要渲染或变形。如果要车削出多个渐进目标,主要使用渐进封口的方法。

(7) 栅格:在图形边界的方形修剪栅格中安排封口面。此方法将产生尺寸均匀的曲面,使用其他修改器易将这些曲面变形。

(8) "方向"组:相对对象轴点,设置轴的旋转方向。X/Y/Z 为相对对象轴点。

(9) "对齐"组:将旋转轴与图形的最小、中心或最大范围对齐,如图 5 - 14 所示。

(10) "输出组":① 面片,产生一个可以折叠到面片对象中的对象。

② 网格:产生一个可以折叠到网格对象中的对象。

③ NURBS:产生一个可以折叠到 NURBS 对象中的对象。

(11) 生成贴图坐标:将贴图坐标应用到车削对象中。当"度"的值小于 360 并启用"生成贴图坐标"时,可启用此选项。将另外的图坐标应用到末端封口,并在每一个封口上放置一个 1×1 的平铺图案。

(12) 真实世界贴图大小:控制应用于该对象的纹理贴图材质所使用的缩放方法。缩放值由位于应用材质"坐标"卷展栏中的"使用真实世界比例"控制。默认设置为启用。

(13) 生成材质 ID:将不同的材质 ID 指定给挤出对象的侧面与封口。侧面接收 ID3,封口(当"度"小于 360 且车削图形闭合时)接收 ID1 和 ID2。默认设置为启用。

图 5 - 14 车削修改器参数面板(2)

(14) 使用图形 ID:将材质 ID 指定给在挤出产生的样条线中的线段或 NURBS 挤出产生的曲线子对象。仅当启用"生成材质 ID"时可用。

(15) 平滑:使车削图形平滑。

小结

通过使用车削修改器,完成"花瓶"的制作,这些都是 3ds Max 的入门基本操作,掌握好能为以后的学习打下良好基础。

第八节 车削修改器 2

通过结合作用车削工具和样条线工具,可以制作出国际象棋的三维模型。

(1) 在视窗按快捷键 F 进入前视图,使用标准几何体"平面",创建一个平面。

(2) 按快捷键 M 打开材质后编辑窗口,选择一个材质球,单击"漫反射",弹出贴图窗口,选择"位图",将国际象棋的二维图片选中,单击确定,导入材质球,把球赋予平面,选择在视窗中显示,则国际象棋二维图片加载到平面上,如图 5-15～图 5-17 所示。

图 5-15　国际象棋

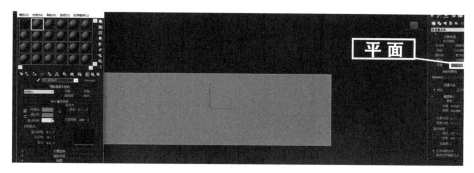

图 5-16　平面

图 5-17　导入国际象棋的二维图片

(3) 选中平面,选择 Z 轴,将数值调成-10 mm,让平面图置于网格后方,便于样条线绘制,如图 5-18 所示。

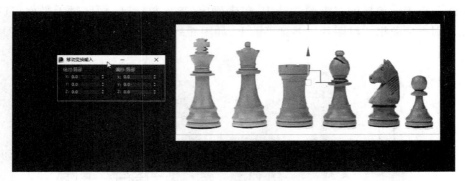

图 5 - 18　移动并调整数值

（4）选择一个象棋，用样条线绘制一半的轮廓，如图 5 - 19 框选出的部分需要绘制轮廓。

图 5 - 19　用样条线绘制一半轮廓

（5）选择"线"从底边向上勾勒，如图 5 - 20 和图 5 - 21 所示。

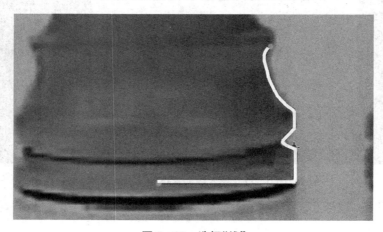

图 5 - 20　选择"线"

（6）调整样条线轮廓,进入样条线顶点模式,右击,选择 Bezier 角点,出现绿色 Bezier 杠杆,调整线条弯曲度,如图 5‐22 所示。

图 5‐21　勾线

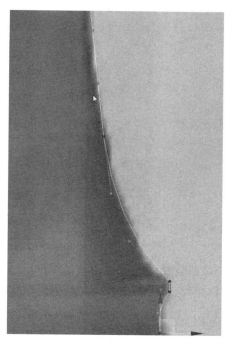

图 5‐22　调整线条弯曲度

第九节 添加车削修改器

（1）选中线,然后在修改器面板选择"车削"修改器,如图 5‐23 所示。

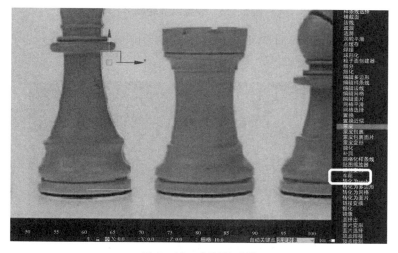

图 5‐23　车削修改器

在修改器参数面板中,选择车削轴中心:Y 轴,拉出象棋的形状,如图 5-24 所示。

图 5-24　拉出象棋形状

（2）细节处理。选择顶点模式,框选需要修改的点,右击,选择 Bezier 角点,产生 Bezier 杠杆,调整细节轮廓,如图 5-25 所示。

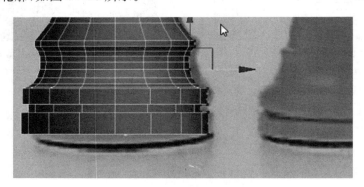

图 5-25　调整细节轮廓

（3）鼠标移动至底点,进入样条顶点模式。选择一圈顶点,点击焊接,所有点焊接成一个点,顶点封闭,如图 5-26 和图 5-27 所示。

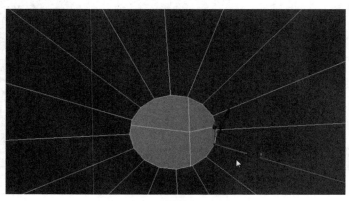

图 5-26　焊接

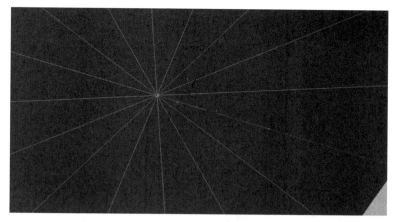

图 5 - 27　封口

（4）选中有横线的点，右击，选择 Beizer 点，如图 5 - 28 所示。

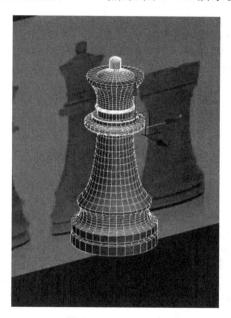

图 5 - 28　**Beizer 点**

小结

通过学习车削修改器，我们掌握了运用样条线与车削制作模型的方法。针对点进行调整，设置 Beizer 角点，利用 Beizer 杠杆调节形状。通过编辑点层级我们可以将简单的几何形体变成复杂模型。同学们要学会举一反三，综合使用会产生很多的模型变化方式，为以后复杂模型的创建打下良好基础。

|第十节| 倒角修改器

倒角修改器跟拉伸相似,将图形挤出为三维模型,并在边缘应用平面或圆的倒角。此修改器的一个常规用法是创建三维文本和徽标,可以应用于任意图形。

1) 创建矩形样条线

选择标准样条线,选择"矩形",绘制出一个矩形样条线,如图 5-29 所示。

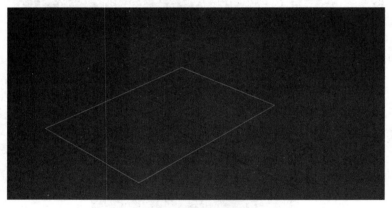

图 5-29 矩形样条线

2) 创建倒角修改器

选中矩形,进入修改器面板,给矩形添加倒角修改器,如图 5-30 所示。

图 5-30 倒角修改器

倒角修改器添加后,矩形线条变成矩形平面,如图 5-31 所示。

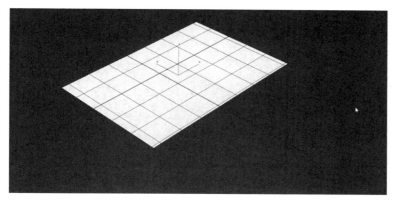

图 5-31　矩形平面

3）调整倒角修改器参数

修改参数以便进行模型搭建，如图 5-32 所示。

图 5-32　倒角值

调整级别 1 的高度和轮廓值，进行第一次挤出和倒角，如图 5-33 和图 5-34 所示。

图 5-33　调整高度和轮廓值

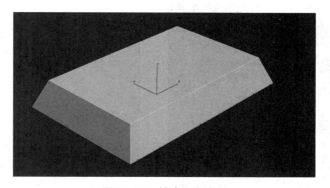

图 5-34　挤出和倒角 1

勾选级别 2，调整级别 2 的高度和轮廓值，进行第二次挤出和倒角，如图 5-35 和图
5-36 所示。

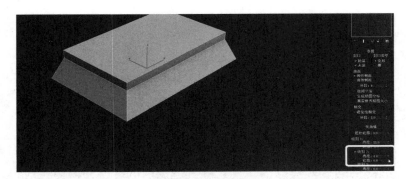

图 5-35 勾选级别 2,调整级别 2 的高度和轮廓值

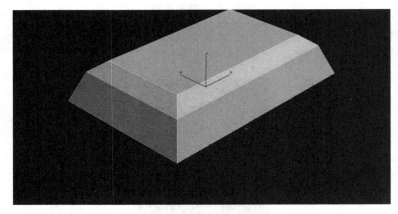

图 5-36 挤出和倒角 2

勾选级别 3,调整级别 3 的高度和轮廓值,进行第三次挤出和倒角,如图 5-37 和图 5-38 所示。

图 5-37 调整级别 3 的高度和轮廓值

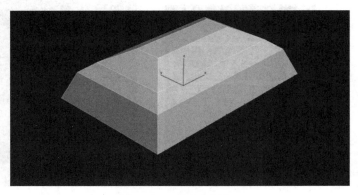

图 5-38 挤出和倒角 3

4)调整平滑度

选中一圈边,设置倒角参数,勾选"级间平滑",对侧边进行倒角,如图 5-39 和图 5-40

所示。

图 5 - 39 级间平滑

图 5 - 40 侧边倒角

5）设置倒角修改器参数

倒角修改器只能对"图形"使用，即只有选择了平面图形，此工具才可用。使用它可将平面图形挤出，同时可在边界上加入直角形或圆形倒角。

（1）"起始轮廓"：设置原始图形的外轮廓大小。如果为 0，将以原始图形为基准进行倒角制作。

（2）"高度"：控制挤出的高度。

（3）"轮廓"：控制挤出部分的倒角大小。

"倒角"修改器有三个倒角层级，可在视图中显示倒角结果。每一个层级都可以分别设置挤出高度和倒角大小，这样就可以实现一些比较复杂的效果。

小结

通过学习倒角修改器，我们掌握了运用样条线与倒角制作模型的方式。通过设置倒角值，设置平滑度，编辑边层级，我们可以将简单的几何形体变成复杂模型。同学们要学会举一反三，综合使用起来会产生很多模型的变化方法，为以后复杂模型的创建打下良好基础。

将另一个图形路径作为"倒角剖面"来挤出一个图形。

（1）剖面 Gizmo：改变剖面的范围，如图 5 - 41 所示。

图 5 - 41 倒角剖面

（2）拾取剖面：选中一个图形或 NURBS 曲线作为剖面路径。

①"封口"组

• 开始：对挤出图形的底部进行封口。

• 结束：对挤出图形的顶部进行封口。如图 5-42 所示。

②"相交"组

• 避免线相交：防止倒角曲面自相交。这需要更多的处理器计算，在复杂几何体中很消耗时间。

• 分离：设定侧面为防止相交而分开的距离。

图 5-42　剖面参数

倒角剖面一定要绘制截面线和剖面线，截面线和剖面线一定是垂直的关系。一般一个在前视图，一个在顶视图。倒角剖面选择的是截面图拾取剖面图。下面用一个实例来综合操作。

（1）在前视图用线命令绘制出饼干盒侧面垂直边的形态，作为【倒角剖面】的"截面"，如图 5-43 和图 5-44 所示。

图 5 - 43　饼干盒　　　　　　　　　　　　　　图 5 - 44　截面线

（2）在顶视图用线命令绘制出饼干盒底面的剖面线，如图 5 - 45 所示。

图 5 - 45　剖面线

（3）选中前视图中的路径，在修改器窗口中执行【倒角剖面】命令，单击【拾取剖面】按钮,在顶视图单击"剖面线",生成饼干盒模型,如图 5-46 和图 5-47 所示。

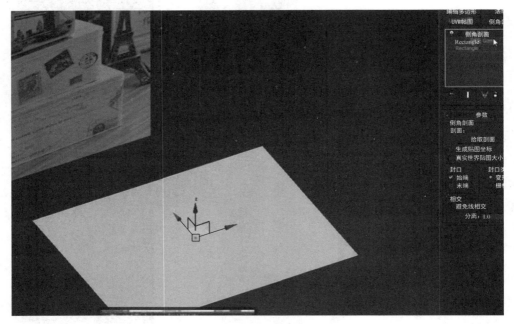

图 5-46 拾取剖面

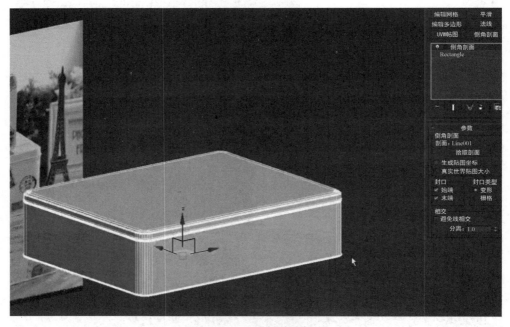

图 5-47 生成饼干盒模型

从在顶视图选择倒角剖面,调整细化参数即可。

小结

通过学习饼干盒模型的制作,我们掌握了运用样条线与倒角剖面制作模型的方法。针对倒角剖面的拾取方式及参数进行调整,我们可以将简单的几何形体变成复杂模型。同学们要学会举一反三,综合使用起来会产生很多模型的变化方法,为以后复杂模型的创建打下良好基础。

第十一节 | 由二维线条生成实体

运用样条线制作键盘模型,如图 5-48 所示。

图 5-48 键盘

（1）画一个比例适当的长方体,转成 POLY 后,分出大小键盘的位置,然后用二维线画出按键的位置。

（2）把二维线转成可编辑样条线,把大体位置定下来。

（3）将曲线和长方体一起投射。

（4）把模型转成 POLY,修线。在面层级里对按键的部分进行挤压。

（5）因为模型需要光滑,所以在硬边处都加条线,这样光滑后就不会变形。

（6）画一个矩形,大小和开始按键大小一样。

（7）转成 POLY，挤出，加线，加光滑。

（8）复制 N 个，调整，在合适的位置放好。

（9）键盘灯的部分利用对二维的圆投射、修点、加线、光滑。

（10）渲染，完成制作，如图 5-49 所示。

图 5-49　键盘模型

小结

通过学习键盘的模型制作，我们掌握了运用样条线结合挤出、倒角修改器制作模型的方式。针对键盘造型及参数进行调整，我们可以将简单的几何形体变成复杂模型。同学们要学会举一反三，综合使用会起来产生很多模型的变化方式，为以后复杂模型的创建打下良好基础。

| 第十二节 | 法线修改器

使用此修改器允许用户在不加入"网格编辑"修改器的前提下，统一或翻转法线方向。在对一网格物体的法线进行编辑时，要为物体加入网格编辑修改器，在网格编辑修改中编辑物体的法线。但在只想对法线进行编辑时，加入网格编辑修改器显然会占用大量的内存，此时可通过加入此修改工具来减少内存的占用。

编辑法线修改器

（1）如图 5-50 所示，模型中缺失了 2 个面，这时需要把 2 个面给补上。

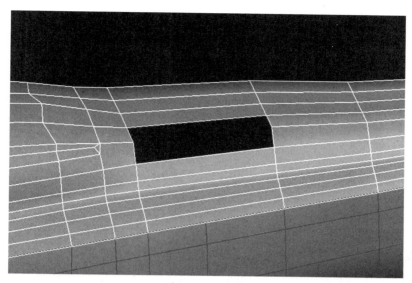

图 5－50 缺面

（2）如图 5－51、图 5－52 所示，补上的这两个面与周围的面之间并不平滑，能够明显感觉到这两个面和周围的面相当不匹配，需要进行处理。

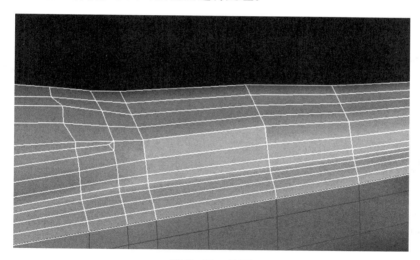

图 5－51 补面

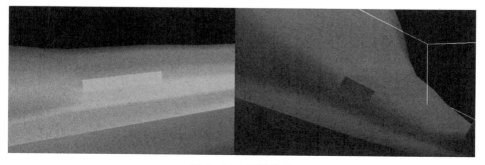

图 5－52 平滑补面

（3）我们可以通过"编辑法线"修改器对面的法线进行修改，实现一个面的四个点的法线与周围面的法线统一，进而与周围的面匹配，如图 5 - 53 所示。

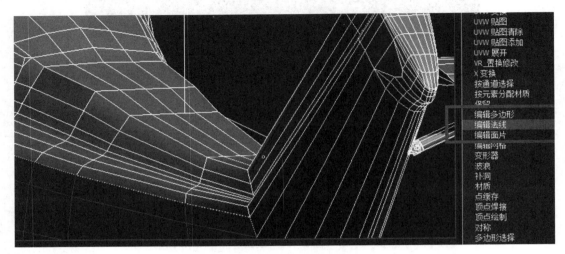

图 5 - 53　编辑法线(1)

（4）当我们加载"编辑法线"修改器后，可以发现，这两个面的点的法线并不统一，如图 5 - 54 所示。

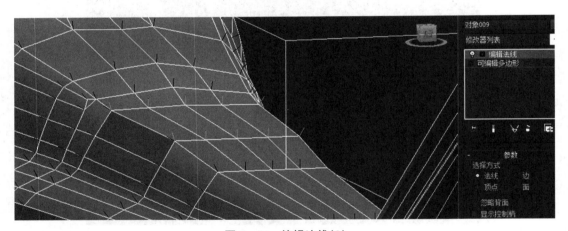

图 5 - 54　编辑法线(2)

（5）如图 5 - 55 所示，矩形框选中的点，每个点都具有多个法线，以点 1 为例，处在 4 个平面上，按理说有 4 条法线，但是原来的面的法线是统一的，故只有 1 条法线，再加上刚补的面的法线，所以共有 2 条法线。

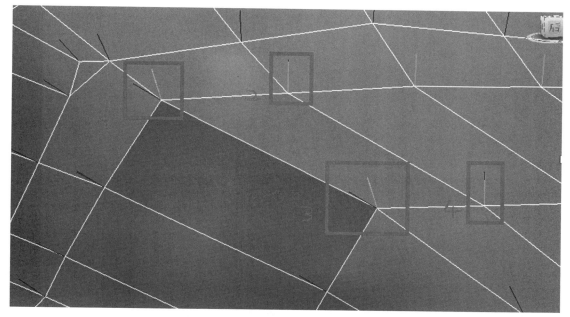

图 5 - 55　点上法线

（6）我们需要使用"编辑法线"修改器对这些法线进行统一。选中这些法线，点击"统一"按钮，如图 5 - 56 所示。

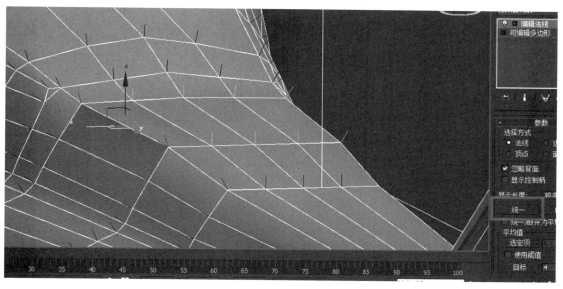

图 5 - 56　统一

（7）如图 5 - 57、图 5 - 58 所示，统一后，每个点只有一条法线，即与点相邻的面的法线实现了统一，面和面之间的法线也即得到了统一和匹配，相邻面之间平滑。这就是"编辑法线"修改器的功能之一。

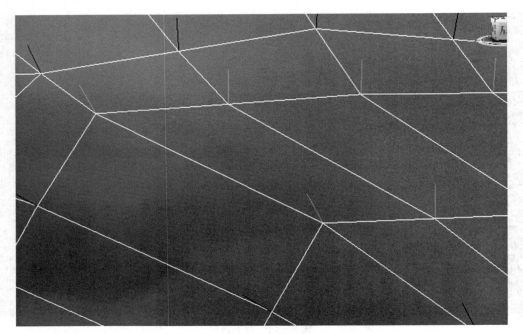

图 5 - 57 每个点只有一条法线

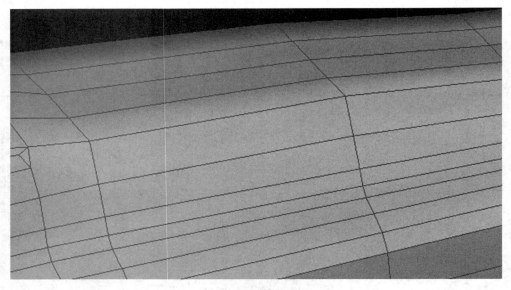

图 5 - 58 效果平滑

小结

通过学习法线修改器,我们掌握了利用其制作模型的方式。针对模型面的法线设置进行调整,使我们可以将简单的几何形体变成复杂模型。同学们要学会举一反三,综合使用起来会产生很多模型的变化方式,为以后复杂模型的创建打下良好基础。

第十三节 | 弯曲修改器

弯曲修改器是对物体进行弯曲处理,我们可以调节弯曲的角度、方向,以及弯曲所依据的坐标轴向,还可以将弯曲修改限制在一定的区域之内。在修改器下拉列表框中选择弯曲修改器,即可进行相应操作。

1)弯曲修改器介绍

选中弯曲修改器后,在展卷栏中便会出现如图 5-59 所示的参数卷展栏。下面其中的参数做一简单介绍。

(1)"弯曲":用来控制物体的弯曲"角度"以及"方向"。

(2)"弯曲轴":用来控制物体弯曲的坐标轴向。

(3)"限制":控制变形效果的影响范围。

①"上限":设置弯曲的上限,在此限度以上的区域将不会受到弯曲影响。

②"下限":设置弯曲的下限,在此限度与上限之间的区域将都受到弯曲影响。

图 5-59　参数卷展栏

图 5-60　实例

在前视图中创建一个倒角字体(图 5-60),然后在卷展栏中设置弯曲角度为 130°,弯曲轴为 X 轴,得到如图 5-61 所示的结果。

在保持前面的参数设置的基础上,勾选"限制"区域的"限制效果"复选框,设置其弯曲上限为 50,下限为 0,得到如图 5-62 所示的结果。

图 5‐61　设置弯曲角度　　　　　　　　　图 5‐62　设置弯曲上限

2）实例

制作旋转楼梯模型，如图 5‐63 所示。

图 5‐63　楼梯

3）制作思路

创建样条线，在前视图画出楼梯的底部形状；在修改器列表中选择挤出命令，设置挤出参数；创建长方体，制作楼梯木板，成组、旋转、复制；创建圆柱体，制作楼梯扶手，在前视图中勾线，勾选在窗口中渲染、在视图中渲染，变换成可编辑样条线编辑顶点，另一段楼梯同理；最后渲染，以 JPEG 格式保存。

4）制作步骤

启动软件→顶视图，先用样条线画出楼梯台阶的形状→转换成可编辑样条线，编辑顶点，制作圆角→修改器列表，倒角，设置倒角的参数→创建圆柱体→打开阵列面板，设置参数,包括旋转的角度、复制的数量,打开预览看效果→创建圆柱体,制作楼梯扶手→分组,选择仅影响轴,阵列(注意在阵列之前要把物体的轴对齐到圆柱体的中心)→创建螺旋线,勾选在视图中渲染、在窗口中渲染,制作楼梯扶手→创建平面作为地板→给地板贴图,设置反射数值→渲染。

小结

通过学习弯曲修改器,我们掌握了弯曲修改器的参数调节方法,可以将简单的几何形体变成复杂模型。同学们要学会举一反三,综合使用起来会产生很多模型的变化方式,为以后复杂模型的创建打下良好基础。

第十四节 修改器

FFD 修改器是对物体进行空间变形的一类修改器,可以分为 FFD 2×2×2、FFD 3×3×3、FFD 4×4×4、FFD(立方体)和 FFD(圆柱体)五种。

1. FFD 修改器的参数

1) 控制点:通过调整控制点的位置可以改变模型的形状。

2) 晶格:用来调整所有控制点的位置。

3) 设置体积:用来调整控制点的位置而不改变模型的形状。此功能对于不规则模型特别适用,它可以使控制点与模型更加紧密的配合,如图 5-64 所示。

图 5-64 控制点

2. 编辑 FFD 修改器

1) 创建花瓶模型,添加 FFD 2×2×2 修改器,如图 5-65 和图 5-66 所示。每行产生2 个控制点,可以对花瓶形状进行调节。

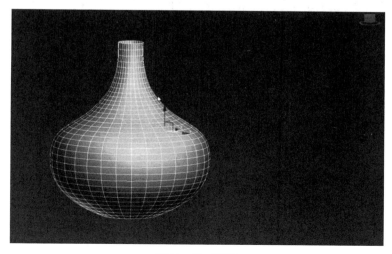

图 5-65 花瓶

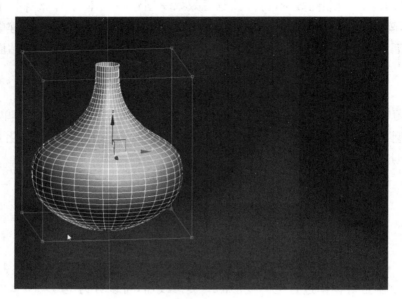

图 5 - 66　添加 FFD 2×2×2 修改器

2）添加 FFD 3×3×3 修改器，如图 5 - 67 所示。每行产生 3 个控制点，可以对花瓶形状进行调节。

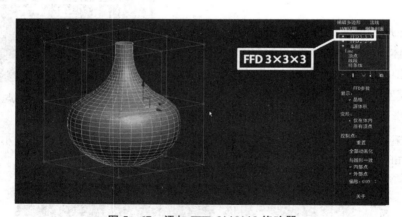

图 5 - 67　添加 FFD 3×3×3 修改器

3）添加 FFD 4×4×4 修改器，如图 5 - 68 所示，每行产生 4 个控制点，可以对花瓶形状进行调节。

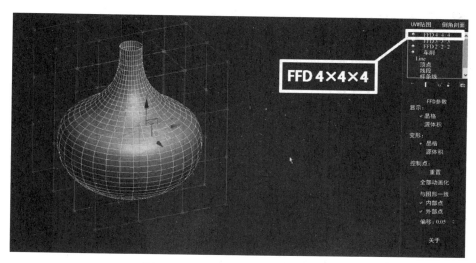

图 5 - 68　添加 FFD 4×4×4 修改器

4）给圆柱体添加 FFD(圆柱体)修改器,如图 5 - 69 和图和 5 - 70 所示。每行产生 6 个控制点,可以对圆柱体形状进行调节。

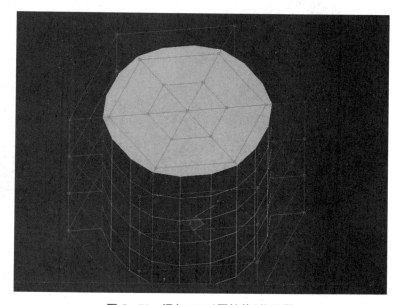

图 5 - 69　FFD(圆柱体)修改器　　　　图 5 - 70　添加 FFD(圆柱体)修改器

5）选择 FFD 控制点,以对花瓶口进行放大和缩小,如图 5 - 71 所示。

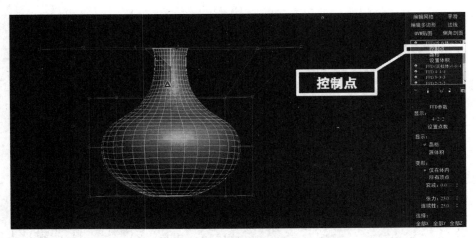

图 5 - 71　选择 FFD 控制点

通过调整 FFD 控制点,可便捷调整复杂模型的形状,如图 5 - 72 所示。

图 5 - 72　调整 FFD 控制点

小结

通过学习 FFD 修改器,我们掌握了 FFD 修改器的种类及用法,其可以将简单的几何形体变成不规则形状的复杂模型。同学们要学会举一反三,综合使用起来会产生很多模型的变化方式,为以后复杂模型的创建打下良好基础。

3. 晶格修改器

晶格修改器是 3ds Max 中一个很实用的工具,它可以根据物体的网格结构将物体晶格化,快捷地做出一些框架结构。

1)晶格修改器参数介绍

下面对如图 5 - 73 和图 5 - 74 所示的参数卷展栏中的常用参数做一简单介绍。

图 5 - 73　晶格修改器

图 5 - 74　晶格修改器参数

（1）"几何体"：用来指定修改器是作用于整个物体还是作用于次物体选择集，并控制支柱和节点的显示情况。如图 5 - 75 所示，在视图中创建一个长方体，设置其段数，对它施加晶格化修改器，在几何体区域分别选择"仅来自顶点的节点""仅来自边的支柱""二者"3 个单选按钮得到如图 5 - 76～图 5 - 78 所示的结果。

图 5 - 75　几何体

图 5 - 76　仅来自顶点的节点

图 5 - 77　仅来自边的支柱

图 5 - 78　来自顶点的节点和边的支柱

（2）"支柱"

①"半径"：用来控制如图 5-77 所示的框架的外接圆的半径大小。

②"分段"：用来控制框架段数。

③"边数"：用来控制框架边数，边数越多，框架越光滑，就越接近圆形。将如图 5-79 所示的框架结构增大边数，得到如图 5-80 所示的结果。

④"材质 ID"：用来设置材质的 ID 号，可以实现给同一物体的不同部位赋予不同的材质。

图 5-79 边数调整

图 5-80 节点调整

（3）"节点"。和框架区域相似，它用来控制节点的属性。不太一样的是它的"分段"与框架区域的"边数"相似，修改它的参数，在如图 5-79 的基础上得到如图 5-80 所示的结果。

小结

通过学习晶格修改器，我们掌握了晶格修改器的参数调节方法，可以将简单的几何形体变成复杂模型。同学们要学会举一反三，综合使用起来会产生很多模型的变化方式，为以后复杂模型的创建打下良好基础。

2）置换修改器

这是一个具有奇特功能的工具，它可以将一个图像映射到三维物体表面，对三维物体表面产生凹凸影响，白色的部分将凸起，黑色的部分将凹陷。它不仅可以作用于三维物体，还可以作用于粒子系统。贴图"置换"的空间扭曲工作方式和"置换"修改器功能类似，当只需对单个或几个物体作贴图置换时，可以使用"置换"修改器。

需要注意的是，这个工具对图像的要求较高，而图像的处理要通过其他软件来完成（如 Photoshop、Painter 等），如果是彩色图像，"置换"会自动按其灰度方式进行贴图置换。"置换"不仅可以使用于位图图像，还可以使用于 3ds Max 内部的所有贴图模块（如水波、木纹、大理石等）。"置换"的贴图坐标与材质相同，具有平面、圆柱、球体和包裹 4 种方式。可以将一张人脸贴图置换到球体表面产生三维人脸造型，也可以将噪波贴图置换到球体表面产生连绵的山脉。

3）编辑置换修改器

（1）通过置换修改器，编辑灰度地图，将灰度地图转换成山地模型，如图 5-81 所示。首先创建一个面，如图 5-82 所示。

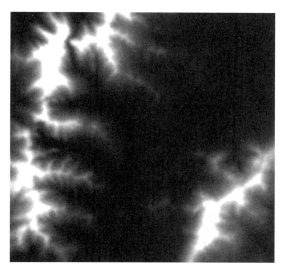

图 5 - 81　灰度地图

图 5 - 82　创建面

（2）置换修改器需要模型有足够的网格细分。通过贴图里的灰度来确定山地模型的高低，所以增加平面的分段，长度分段＝400，宽度分段＝400，如图 5 - 83 所示。

图 5 - 83　调整参数

（3）选中平面，添加置换修改器，如图5-84所示。

图5-84　置换修改器

进入置换修改器参数，选择"位图"，点击"无"，弹出选择置换图像窗口，载入灰度地图，如图5-85所示。

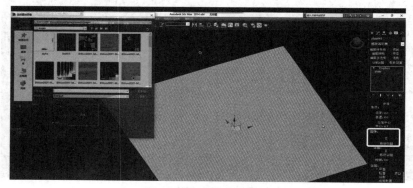

图5-85　载入灰度地图

（4）调整置换修改器的参数，"强度"值设为185，则模型从平面转换成有高低起伏的山地，如图5-86所示。

图5-86　调整参数

继续调整置换修改器里贴图参数,"贴图"的长度值和宽度值如图 5-87 所示,对边角进行处理。

图 5-87　继续调整置换修改器

最后效果如图 5-88 所示。

图 5-88　三维山地模型效果

4）置换修改器参数介绍

（1）"置换"

①"强度":设置贴图置换对物体表面影响的强度,值越大,效果越强烈。

②"衰减":根据距离的远近提高或降低影响的强度。

③"中心":用来控制界限划分的位置,缺省值为"0.5",即 50%。调整大小可以改变凹凸的面积分配。

（2）"图像"

①"位图":单击"无"按钮可以选择一张图片作为置换贴图文件,而单击"移除位图"按钮可将选中的置换贴图文件删除。

②"贴图":功能与"位图"同,但可选范围更广,包括 3ds Max 中所有的贴图。

③"模糊":用于柔化置换造型表面尖锐的边缘。

小结

通过学习置换修改器,我们掌握了使用置换修改器制作模型的方式,将灰度图片置换到平面上并进行调整,可以将简单的几何形体变成复杂模型。同学们要学会举一反三,综合使用会产生很多模型的变化方式,为以后复杂模型的创建打下良好基础。

4. 切片修改器

此修改器会建立一通过网格物体的切片,并在切片与网格物体相交处建立新的点、边和面,也可利用它将网格物体在切面上面的部分或下面的部分删除。

下面对如图5-89所示的切片修改器参数卷展栏中的一些常用参数做一简单介绍。

1)"切片类型":此区域用来控制切片的方式,共分为4种。

(1)"优化网格":勾选此单选按钮时,只是将切片的物体结构线重新定义,原来的物体仍是一个整体。

图5-89 切片修改器

如图5-90所示是没有切片前的物体的侧面。在对物体施加切片修改器后,在堆栈栏中选择"Slice Plane"次控制层级,利用移动工具移动它以确定切片位置。将物体塌陷成网格物体,点选上次选择的面,便会得到如图5-91所示的结果。

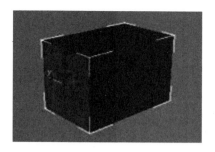

图 5-90　物体侧面

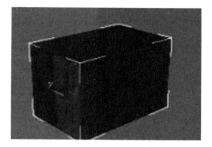

图 5-91　添加切片修改器的效果

（2）"分割网格"：选中此单选按钮后，物体在进行切片操作后，将会沿着切片平面被分成两个分开的部分，如图 5-92 所示。物体在"优化网格"切片方式下切片后，拖动物体的次物体层级，可以看到原来的物体仍连为一体。如图 5-93 所示，则是"分割网格"方式切片后的拖动结果。

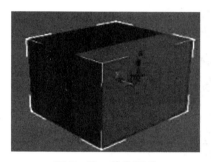

图 5-92　优化网格

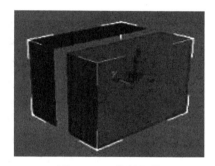

图 5-93　分割网格

（3）"移除顶部"和"移除底部"：将网格物体在切面的上面部分或下面部分删除。

2）"操作于"：此区域用来控制切片的次物体层级的作用对象。

（1）　"三角形面"：单击此按钮，切片的次物体层级的作用对象为三角形面。

（2）　"多边形面"：单击此按钮，切片的次物体层级的作用对象为多边形面。

小结

通过学习切片修改器，我们掌握了利用切片修改器编辑模型的方式，其可以将简单的几何形体变成复杂模型。同学们要学会举一反三，综合使用会产生很多模型的变化方式，为以后复杂模型的创建打下良好基础。

第十五节 补洞修改器

补洞修改器是针对模型缺口的顶点自动产生新的面,把模型的缺口封住。如果物体有关键帧动画,那么在修改器列表中选择补洞命令后,缺口在哪里,就补哪个位置,补洞效果贯穿整个动画,实现持续补洞的效果。

1) 给模型补洞

(1) 在 ● 创建命令面板中,单击 长方体 按钮,弹出长方体参数设置卷展栏,如图 5 - 94 所示。将长方体的宽度分段改为 2。按 F4 显示实体线框。在视图中创建长方体,右击长方体,转换为可编辑多边形,将长方体的顶面删掉,如图 5 - 95 所示。

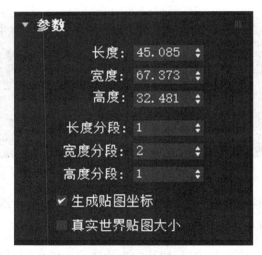

图 5 - 94　参数面板

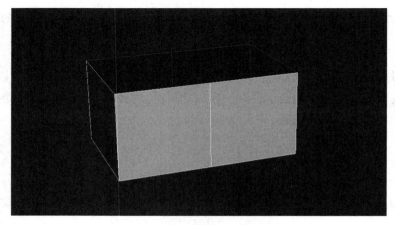

图 5 - 95　创建长方体并删除顶面

（2）把长方体的缺口补上，在修改器列表中，选择 **编辑网格** 命令，选择 ●面层级，单击编辑几何体面板中的"创建"按钮，如图 5 - 96 所示。

图 5 - 96　编辑几何体面板

（3）在视图中，鼠标沿着物体缺口的几个顶点绕一圈，便可以创建一个新面，如图 5 - 97 所示。

图 5 - 97　缺口补面

2）给动画模型补洞

如果物体有动画，则不能用第一种补洞方法。选择视图中的物体，在修改器列表中，选择" **补洞** "命令，模型缺口就会被补好，并且不会破坏动画效果，补洞效果持续整个动画，如图 5 - 98 所示。

补洞的前提条件是，物体缺口处的顶点在同一个平面上，如果顶点不在一个平面上，计算机自动捕捉顶点时，可能会跟周围的面产生交错，使补洞穿插到其他网格面中，从而产生错误。

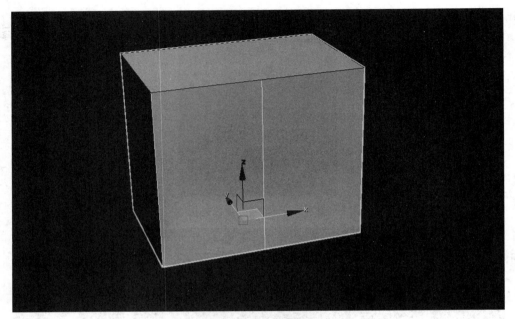

图 5-98　缺口补洞

小结

通过对"物体补洞"的学习,我们掌握了修改器列表中的补洞命令的使用,例如给静态物体补洞。动态物体补洞,补洞的前提条件是物体缺口处的顶点在同一个平面上,这样才能实现正确的补洞效果。这些都是 3ds Max 入门基本操作,掌握好能为以后的学习打下良好基础。

| 第十六节 | UVW 贴图修改器

我们要给一个物体贴图时,需要使用 UVW 贴图修改器对贴图的方向和大小进行调整,让贴图正确显示在物体上。

1) 创建物体

在 ● 创建面板中,创建长方体、球体、圆柱体,如图 5-99 所示。

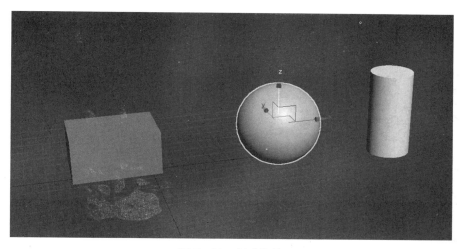

图 5-99　创建物体

2）创建 UVW 贴图

（1）视图中选择长方体，按 M 键调出材质编辑器，单击 漫反射: 后面的正方形按钮，在弹出的"材质编辑器"面板中，选择 位图 ，单击确定按钮，在电脑中找到贴图，如图 5-100 所示。

（2）单击材质编辑器 中将材质指定给选定对象按钮，视图中的物体变成灰色，单击材质编辑器中的 ，视窗中显示经过明暗处理的材质，这样贴图才能显示出来，如图 5-101 所示。

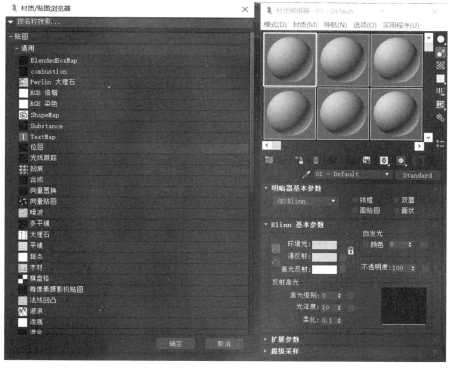

图 5-100　材质编辑器

图 5 – 101　物体贴图

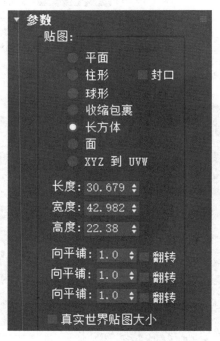

图 5 – 102　UVW 贴图参数面板

　　（3）在修改器列表中选择" UVW 贴图 "命令，在参数面板中选择长方体，如图 5 – 102 所示。长方体的贴图方式是每个面独立地贴。球体也可以按照长方体的方式贴图：在视图中选择球体，打开材质编辑器面板，单击 中的将材质指定给选定对象按钮,材质显示在球体上;给球体添加 UVW 贴图,参数面板选择长方体,如图 5-103 所示,对角线处会有接缝,贴图的分布方式和长方体是一样的;针对圆形的物体,球形的贴图方式更适合。

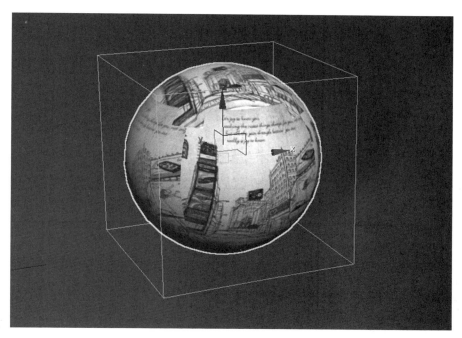

图 5-103 球体贴图

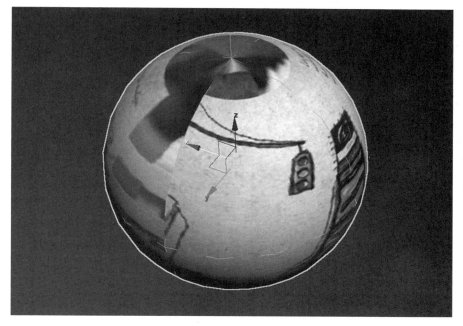

图 5-104 球形贴图

（4）"球形"贴图方式：在参数面板中，选择"球形"，贴图会围绕球体一周，最终结束的位置有一条接缝，如图 5-104 所示。如果是无缝贴图，则不会看到接缝。

（5）"平面"贴图方式：选择长方体，单击参数面板中的"平面"模式，平面贴图方式默认是从上往下贴的，侧面的边缘会有拉伸的效果，如图 5-105 所示。如果想让贴图在长方体的正前方显示，将 UVW 贴图展开，选择 ，在视图中可以将 Gizmo 线框旋转 90°，如图 5-105 所示；也可利用 Gizmo 线框，手动调节贴图的朝向；还可以在对齐面板中，利用参数调节，如图 5-106 所示。

选择不同的轴，贴图会有不同的朝向，可通过调整长、宽数值来调整贴图的长宽比。在对齐面板中单击" 适配 "按钮，可将贴图适配到物体上，位图适配是根据图片的长宽比适配的，如图 5-107 所示。

图 5-105　平面贴图

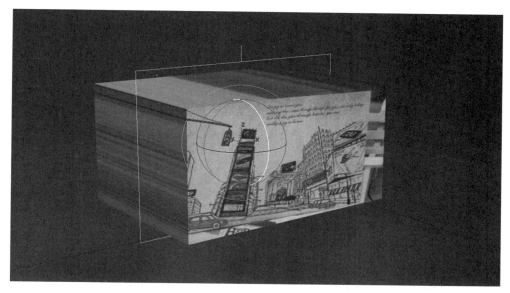

图 5‑106　调节 Gizmo

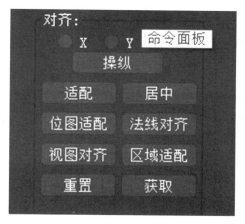

图 5‑107　对齐面板

（6）"柱形"贴图方式：在视图中选择圆柱体，打开材质编辑器面板，单击 按钮，材质显示在圆柱体上。给圆柱体添加 UVW 贴图，参数面板选择柱形，勾选"封口"，如图 5‑108 所示。

（7）"收缩包裹"贴图方式：选择球体，单击"收缩包裹"，贴图会像一块布一样包裹住球体，球体的上半部分贴图显示正常，底部会有拉伸效果，如图 5‑109 所示。

图 5-108　柱形贴图

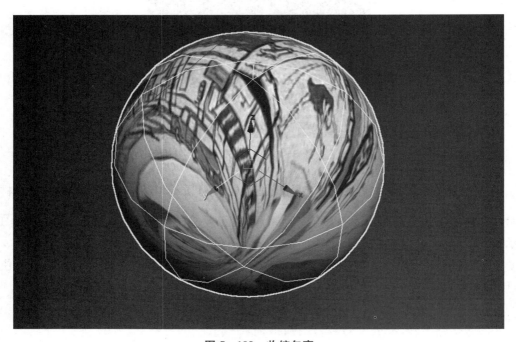

图 5-109　收缩包裹

（8）"面"贴图方式：选择球体，单击"面"，贴图会变成网格面贴在物体表面，如图 5-110

所示。

（9）"XYZ 到 UVW"贴图方式：以世界坐标的方式进行贴图。选择球体，单击"XYZ 到 UVW"贴图方式，贴图会非常紧密地贴在物体表面，可以通过调节"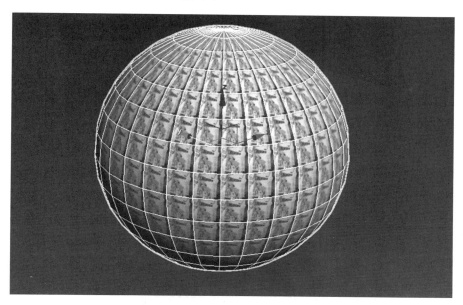"这些数值来调整贴图的大小，如图 5－111 所示。

图 5－110　面贴图

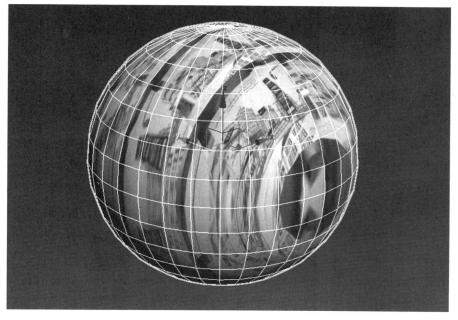

图 5－111　"XYZ"到"UVW"贴图

小结

通过对 UVW 贴图的学习，我们掌握了针对不同形状的物体要选择不同的贴图方式，如给球体加球形贴图，给圆柱加柱形贴图；也掌握了 UVW 贴图的参数设置，通过不同参数设置，可得到自己想要的贴图效果。这些常用的修改器命令都是 3ds Max 基本操作，是以后建模学习的基础。

第十七节 平滑修改器

样条线创建的模型，点的属性是 Bezier 角点，实际生成的模型会产生硬边，如果想得到平滑的效果，需要改变顶点的属性，把 Bezier 角点改成 Bezier，也可以利用修改器里面的平滑命令来实现模型的平滑效果。

1）创建物体

在前视图中，创建样条线（图 5-112），修改器面板中选择车削命令，得到三维模型，如图 5-113 所示。

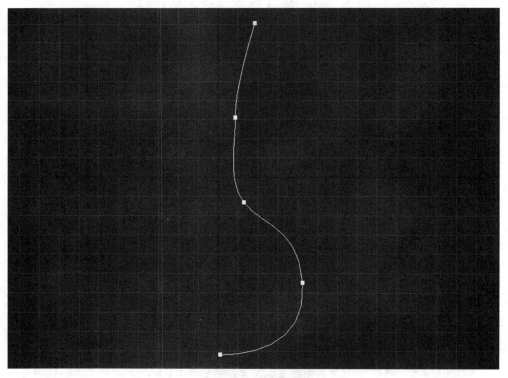

图 5-112　创建样条线

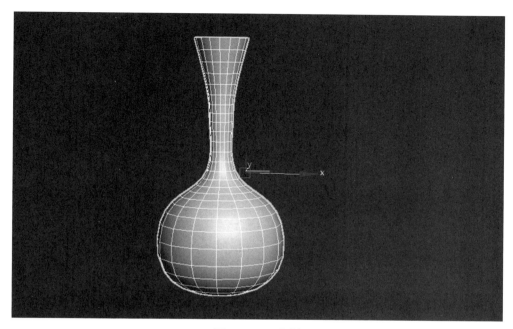

图 5‑113　车削

2）平滑修改器

选择物体,在□修改器列表中,选择 平滑 命令,这时物体的每个面都独立了。在参数面板中,勾选 ✓自动平滑 ,通过调节面与面的夹角来产生变化的,阈值越大,物体表面越光滑,阈值越小,物体表面越不光滑。阈值设为 8.4,如图 5‑114 所示;阈值设为 34,如图 5‑115 所示。一般情况下,阈值最大不超过 90,使物体上有 90°的转折,保留硬边效果。

平滑修改器适用于给物体整体加平滑效果,如果想要精确到每一个面的平滑控制则需使用编辑网格修改器。

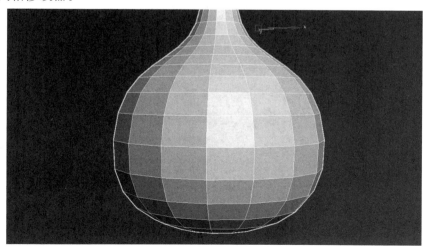

图 5‑114　阈值 8.4 的效果

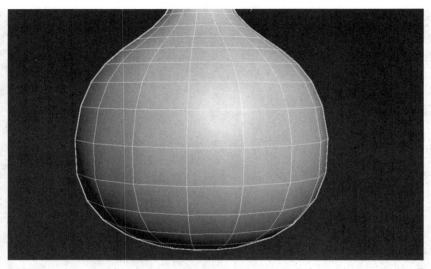

图 5 - 115　阈值 34 的效果

3）编辑网格修改器

（1）选择物体，在 ⬛ 修改器列表中，选择 编辑网格 命令。在参数面板中选择面层

级。平滑组中的参数如图 5 - 116 所示。如果相邻的两个面同属于一个平滑组，它们之间是
平滑过渡的；如果相邻的两个面属于不同的平滑组，它们之间则不存在平滑关系，如图 5 -
117 所示。

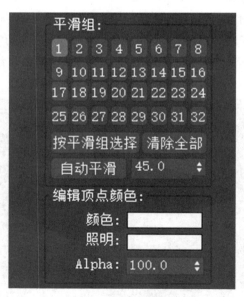

图 5 - 116　平滑组面板

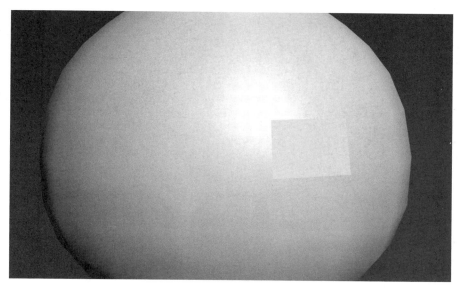

图 5‐117　不同平滑组的结果

（2）如果有特殊的平滑要求，如想让物体横向平滑，竖向不平滑，则可以在前视图中选择相应的面，如图 5‐118 所示。先将平滑组设置为 1，按 Ctrl＋I 键反选，再将平滑组设置为 2，这样模型横向有平滑效果，竖向没有平滑效果，如图 5‐119 所示。

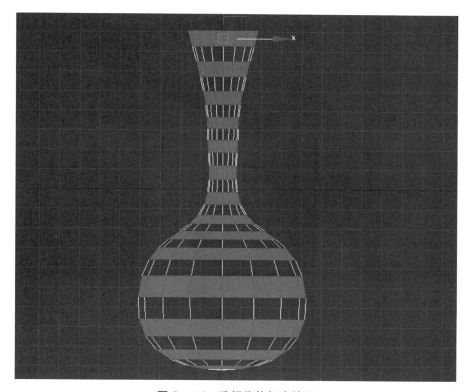

图 5‐118　选择物体相应的面

图 5 - 119　特殊平滑效果

（3）同一个面可以属于不同的平滑组。任意选择物体上的一个面,设为平滑组 1 和 2,那么这个面横向、竖向都有平滑效果。通过这种设置,我们可以做出很多特殊的效果,可以产生不同的平滑关系。

小结

通过对平滑修改器的学习,我们掌握了给物体加平滑效果的方式。平滑修改器只适合给物体整体加平滑效果,如果想要物体面与面之间有不同的平滑效果,则要使用编辑网格修改器。选择物体的面,通过设置不同的平滑组,我们可以得到不同的平滑效果。这些常用的修改器命令都是 3ds Max 基本操作,掌握好能为以后的学习打下良好基础。

第十八节　修改器点层级

现实生活中,并不是所有物体都是标准几何体,有些物体我们需要对模型进行细分,有些需要加线,有些边缘要做倒角,还有些地方需要对某些面进行挤出,这些操作我们都可以通过编辑网格修改器实现。

1）编辑网格修改器

首先,在透视图中创建一个长方体,在 修改器列表中,选择 编辑网格 命令,在参数面板中,物体会出现五个层级 ,分别是点层级、边层级、面层级、多边形层级、元素层级。

2）加点

选择点层级，在编辑几何体面板中，单击 ▮▮▮创建▮▮▮ 按钮，在视图中单击，创建一个点，

如图 5－120 所示，但是这个点和几何体没有什么关系，一般在物体上加点会用 ▮切片平面▮ 工

具。单击切片平面工具，物体上会出现一个线框，如图 5－121 所示，可调整线框到想要的位

置上，单击 ▮▮切片▮▮ 按钮，则物体上会出现新创建的点，如图 5－122 所示，通过这种方法可

以得到加点的效果。

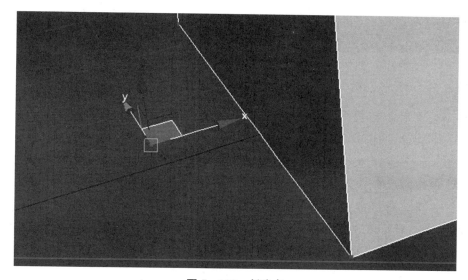

图 5－120　创建点

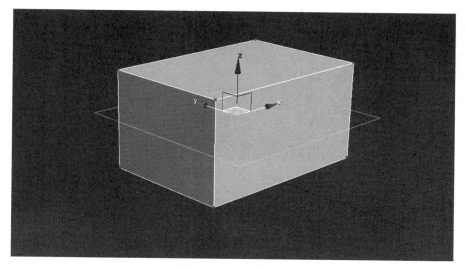

图 5－121　切片平面

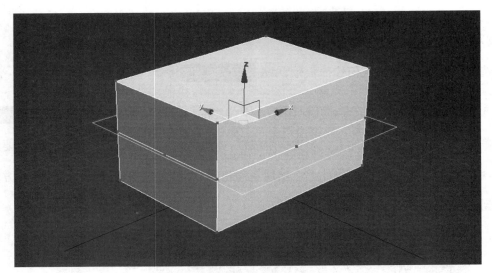

图 5 - 122　切片

3）删除点

如果不想要某个点，则先选中它，单击 Delete 删除键，如图 5 - 123 所示，不仅点被删除了，和这个点相关的面也会被删除。若想避免这种结果，我们需要焊接点。

图 5 - 123　删除点

4）焊接点

（1）在视图中，选择想要焊接的两个点，按住 Ctrl 键再单击可多选，在焊接面板中，将 选定项 后面的阈值调大 1111.0 ，单击 选定项 按钮，两个点焊接在一起，焊接的位置是两个点的中点，如图 5 - 124 所示。

（2）目标焊接：在视图中选择想要焊接的点，在焊接面板中单击 目标 按钮，在视图中单击另一个点，则两个点被焊接到了一起，如图 5 - 125 所示。

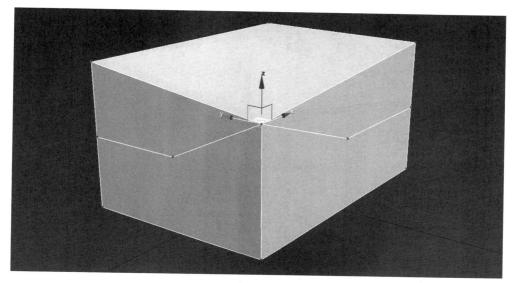

图 5 - 124 焊接点

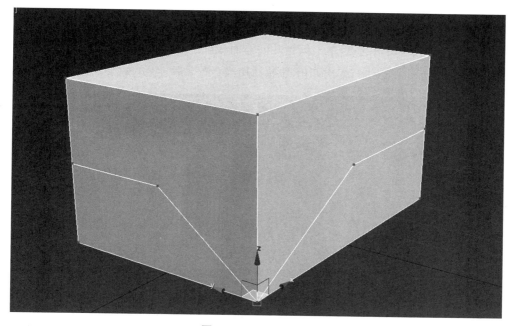

图 5 - 125 目标焊接

5）断开点

在视图中选择想要断开的点，单击编辑几何体面板中的 断开 按钮，移动视图中的点，一个点会被分成 6 个，如图 5-126 所示。

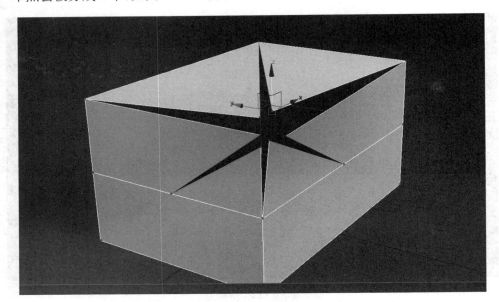

图 5-126　断开点

6）切角

在视图中选择想要切角的点，单击编辑几何体面板中的 切角 按钮，调整切角后面的阈值，如图 5-127 所示。可以进行多次切角，则物体边缘会有平滑过渡的效果，如图 5-128 所示。

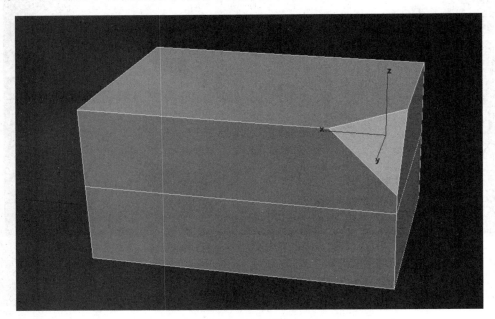

图 5-127　切角

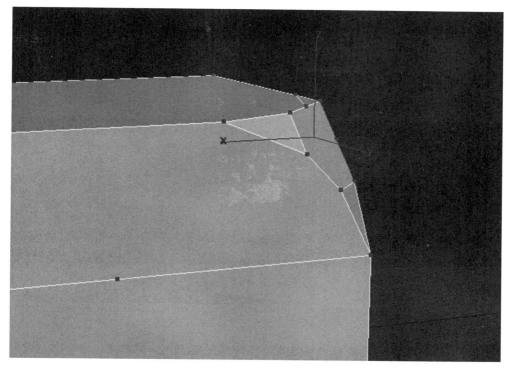

图 5 - 128　多次切角

小结

通过对编辑网格修改器中点层级的学习,我们掌握了给物体加点、焊接点、切角、断开等方法,删除点的时候注意不要把相关的面删除掉。通过编辑点层级我们可以将简单的几何形体变成复杂模型。同学们要学会举一反三,以后我们还要陆续学习到物体的其他层级,综合使用会产生很多的模型变化方式,为以后复杂模型的创建打下良好基础。

第十九节　修改器边层级

进入物体的边层级,我们可以通过切片平面得到新的点和新的边。

1) 切角:选择物体的一条边,单击编辑几何体面板中的 切角 按钮,调整切角后面的阈值,得到切角效果,如图 5 - 129 所示。进行多次切角,可产生平滑过渡效果,如图 5 - 130 所示。

图 5－129　切角

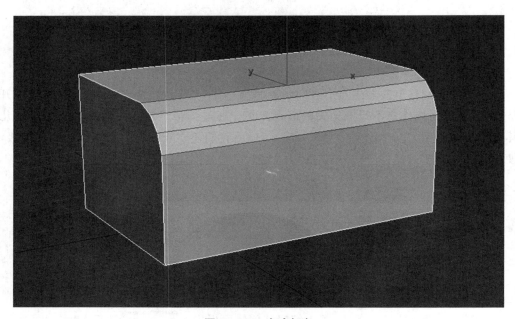

图 5－130　多次切角

2）挤出：一般情况下，不对闭合物体的边进行挤出。物体上有缺口时，选择缺口边缘的边，按住 Shift 键向上拖拽，形成挤出效果，如图 5－131 所示。

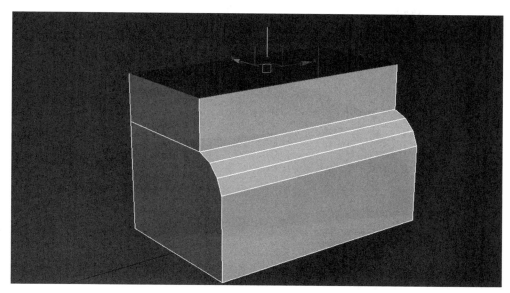

图 5 - 131 挤出

3）改向：选择三角面的一条边，如图 5 - 132 所示。单击编辑几何体面板中的 改向 按钮，在视图中点击物体已选中的边，则边会更改方向，如图 5 - 133 所示。

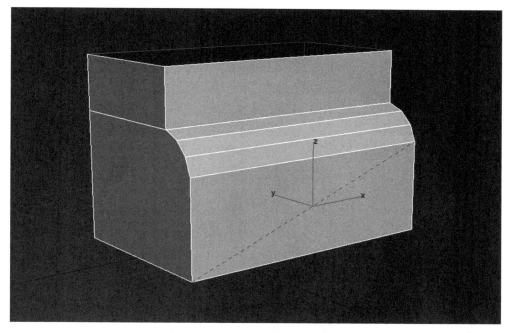

图 5 - 132 选择边

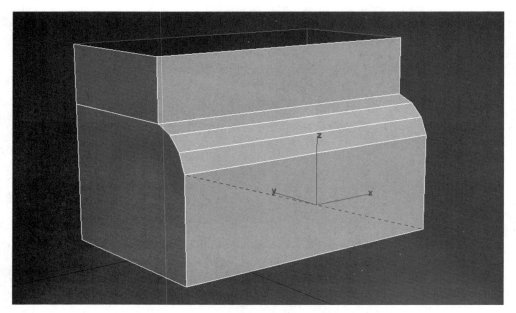

图 5-133　边改向

4）可见/不可见边：框选物体上的不可见边（虚线边），如图 5-134 所示，单击曲面属性

面板中的 可见 按钮，物体的不可见边变成可见边，如图 5-135 所示。物体的边的可

见与不可见可通过可见/不可见按钮来调节。

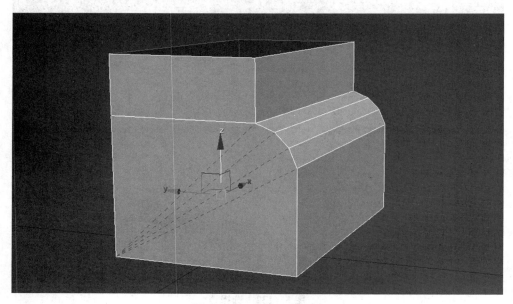

图 5-134　选择不可见边

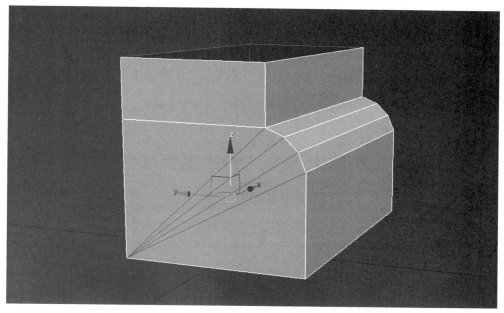

图 5－135　不可见边转为可见边

5）切割：比切片平面更随意一些，单击 切割 按钮，在视图中单击需要切割的两个点，则两点中间会产生一条线，如图 5－136 所示。相对来说，切割更方便一些，可以对物体局部进行操作。

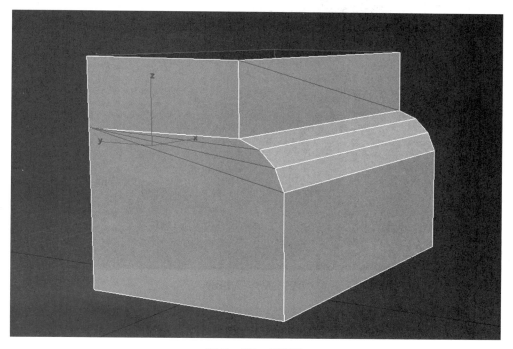

图 5－136　切割边

小结

通过对编辑网格修改器中边层级的学习，我们掌握了给物体的边加切角、切割、挤出等方法，通过编辑边层级我们可以将简单的几何形体变成复杂模型，同学们要学会举一反三，以后我们还要陆续学习到物体的其他层级，综合使用会产生很多模型的变化方式，为以后复杂模型的创建打下良好基础。

第二十节 修改器面层级

选择物体的面层级，在物体上单击，会选择三角形的面；选择物体的多边形层级，在物体上单击，则会选择物体实边所组成的面。面层级和多边形层级的参数一样，我们会放在一起学习。

1）挤出：多边形层级→选择物体的一个面→单击编辑几何体面板中的 挤出 按钮，调整挤出后面的阈值，得到面挤出效果，如图 5－137 所示。物体的多个面挤出有两种方式：一是按组，二是按局部。单击挤出按钮，默认按组挤出，如图 5－138 所示；按局部挤出，如图 5－139 所示。可根据具体的需要，选择不同的挤出方式。

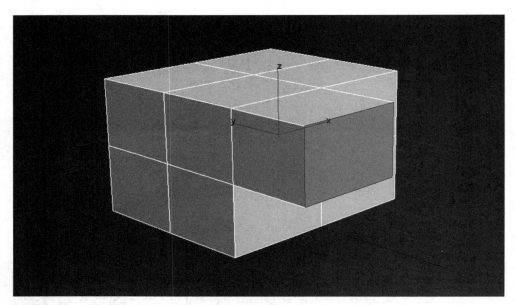

图 5－137 面挤出

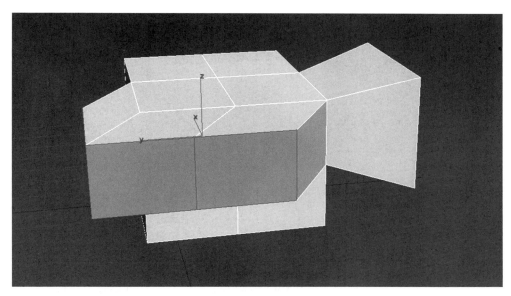

图 5‑138　多面挤出(按组挤出)

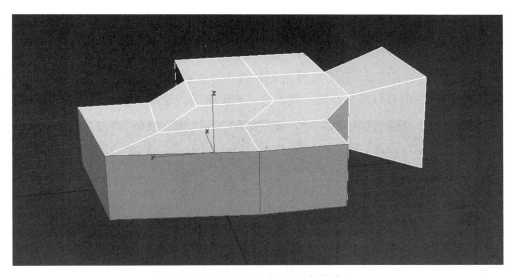

图 5‑139　多面挤出(按局部挤出)

2) 倒角:多边形层级→选择物体的一个面→单击编辑几何体面板中的 倒角 按钮,调整倒角后面的阈值,得到面倒角效果。倒角值为正时,倒角呈外扩效果;倒角值为负时,倒角呈收缩效果,如图 5‑140 所示。

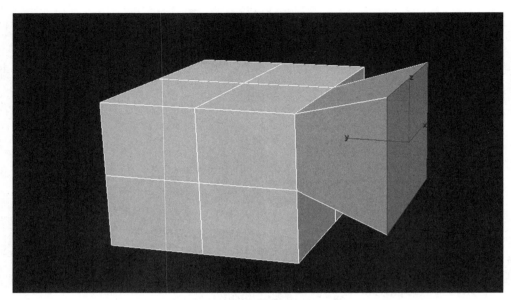

图 5-140　面倒角

3）切片平面/切割：用法和边层级一样。

4）法线：选择物体的一个面，在曲面属性面板中单击 [法线：翻转] 按钮，物体的面会出现翻转效果，如图 5-141 所示。正常法线的面被选中呈高亮红色，翻转法线之后的面呈暗红色。实际建模中，我们可以通过翻转法线的方式来调整面的朝向。

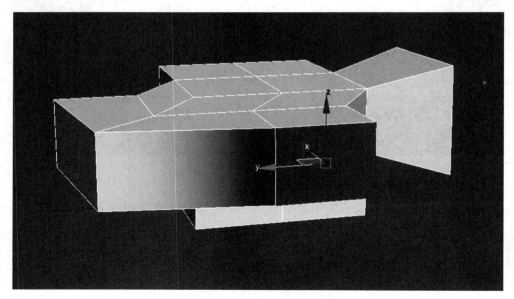

图 5-141　法线翻转

5）设置 ID：创建一个长方体，按 M 键调出材质编辑器面板，如图 5-142 所示。单击材质编辑器中的 Standard 按钮。在材质浏览器面板中，如图 5 - 143 所示，选择 多维/子对象。在多维/子对象基本参数面板中，将数量参数设置为 3，如图 5 - 144 所示，将子材质选项下的第一个材质球的材质复制到第二个、第三个材质球上，如图 5 - 145 所示。单击材质球后面的■按钮。在颜色选择器面板中选择颜色，如图 5 - 146 所示，三个材质球选定不同的颜色。将材质指定给长方体，如图 5 - 147 所示。因为面的 ID 不同，材质与颜色也会不同：ID 为 1 的面，是第一个材质球的颜色；ID 为 2 的面，是第二个材质球的颜色；ID 为 3 的面，是第三个材质球的颜色，如图 5 - 148 所示。

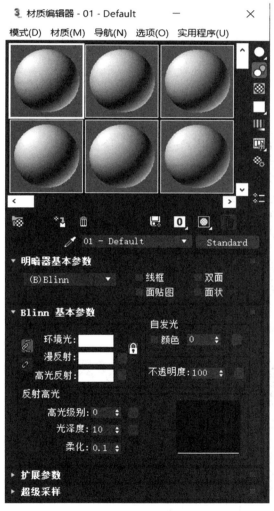

图 5 - 142　材质编辑器

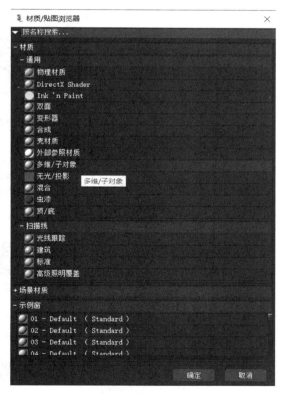

图 5 - 143　材质浏览器

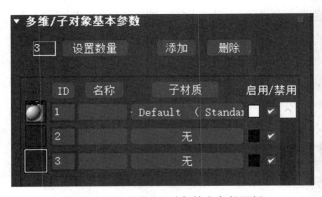

图 5 – 144　多维/子对象基本参数面板

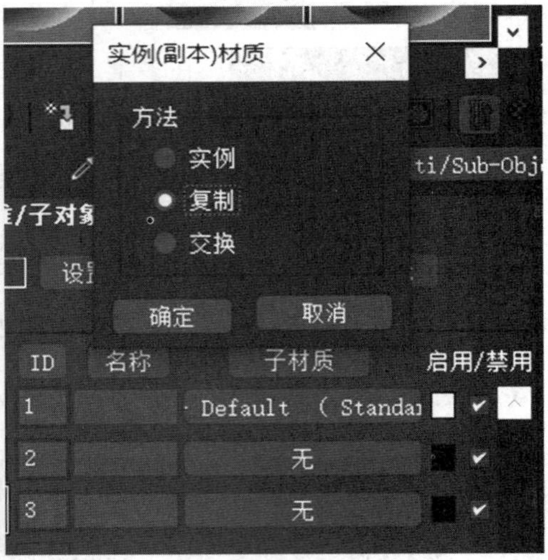

图 5 – 145　复制材质

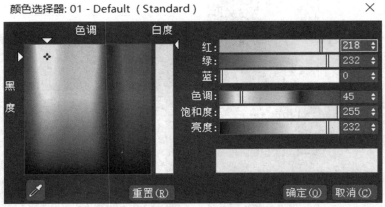

图 5 – 146　颜色选择器

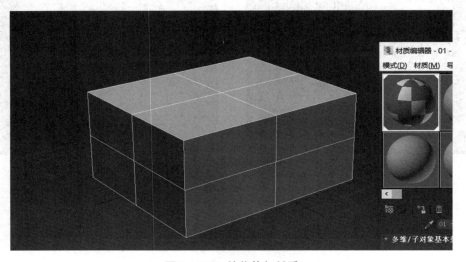

图 5 – 147　给物体加材质

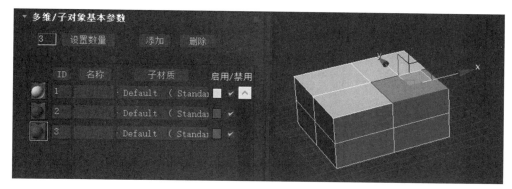

图 5 - 148　设置 ID

同样,也可以选择物体的某些面,在曲面属性面板中设置 ID 数,这样就可以通过给物体添加多维/子对象材质的方式,实现同一个物体拥有不同材质的效果。

6)平滑组:选择物体的多个面,想要这些面有平滑过渡的效果,在平滑组参数中,单击 `清除全部` 按钮,将自动平滑的阈值调大 `自动平滑 80.0` ,单击任意一个平滑组,效果如图 5 - 149 所示。

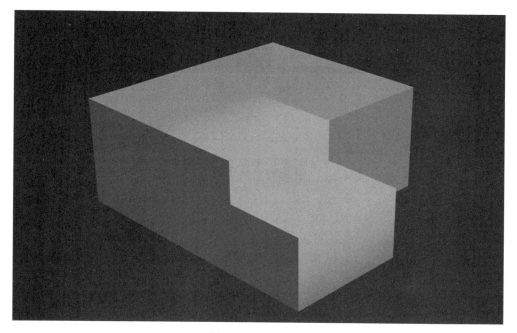

图 5 - 149　平滑组

小结

通过对编辑网格修改器中面层级的学习,我们掌握了给物体的面添加挤出、倒角等效果的方式,还可以调整法线、设置平滑组、针对材质定义不同的 ID。通过编辑面层级我们可以将简单的几何形体变成复杂模型。同学们要学会举一反三,以后我们还要陆续学习到物体的其他层级,综合使用会产生很多的模型变化方式,为以后复杂模型的创建打下良好基础。

第二十一节 │ 修改器其他操作

针对物体 5 个不同层级其他操作,我们在这一节汇总。

1) 忽略背面:选择物体面层级,将 忽略背面 勾选,在视图中框选物体的面,则只能选择可见部分,物体背面的面不会选中,如图 5-150 所示。在实际建模过程中,我们框选点、边、面的时候,会不小心将模型背面的元素也选上,这种误操作我们可以通过"忽略背面"这个功能避开。

2) 快速选择面:创建一个茶壶,在修改器面板选择编辑网格 → 面层级,勾选 ✔ 忽略可见边 ,设置 平面阈值: 45.0 ,则视图中面与面的夹角小于 45°的面都会被选中。我们可以通过设置平面阈值这种方式来快速地选择出想要的面,再对它们进行编辑,如图 5-151 所示。

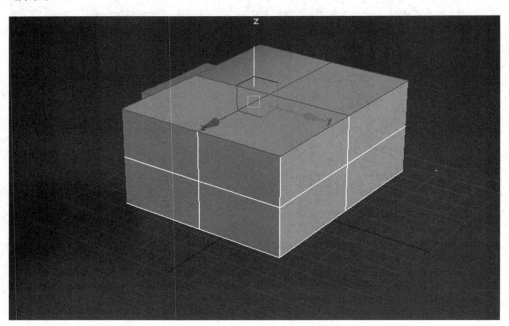

图 5-150 忽略背面

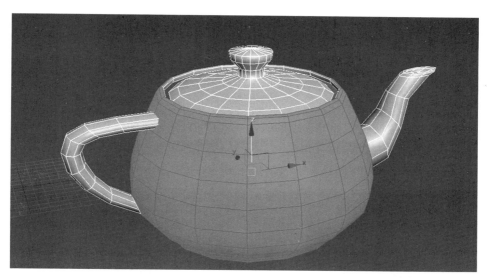

图 5 - 151　平面阈值

3）隐藏：在实际操作中，如果物体的一些结构影响到当前操作，我们可以把它们隐藏。在编辑网格中选择元素层级，在视图中选择茶壶盖，再按 Ctrl＋I 反选，单击选择面板中的 隐藏 按钮，视图中壶盖以外的部分被隐藏，如图 5 - 152 所示。这样我们在编辑茶壶盖的时候不会受到其他物体的影响，建模的效率会提高。单击 全部取消隐藏 按钮，退出隐藏效果。

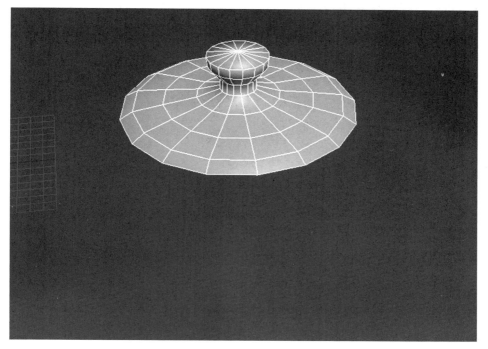

图 5 - 152　隐藏

4）软选择：在编辑网格中选择顶点层级。选择物体的一个顶点，勾选软选择面板中的 ✓ 使用软选择 ，这样软选择的其他参数才能被激活。当开启软选择之后，被选中的点会有一个影响范围，这个范围我们可以通过衰减参数去调节，衰减参数越大，点的影响范围越大；反之衰减参数越小，点的影响范围越小，如图 5－153 所示。靠近点的区域呈暖色调，远离点的区域呈冷色调。在视图中移动点，被移动的点会对周围的点产生影响，影响趋势是递减的，如图 5－154 所示。这样我们在编辑点的时候，不会产生很突兀的效果。我们可以通过设置衰减值来调节点的影响范围，也可以通过边距离的阈值来调节影响范围，边距离的数值越大，影响范围越大；边距离的数值越小，影响范围越小。

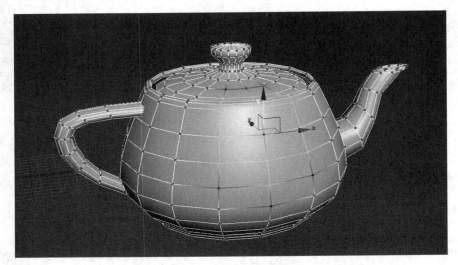

图 5－153　衰减参数的影响

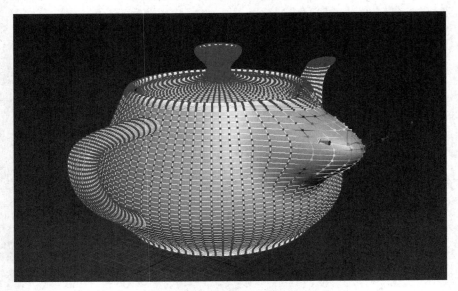

图 5－154　影响趋势的递减性

软选择面板下方的缩略图" "中,最高点的影响是 100%,中间部分的影

响是 50%,最底部的影响是 0%,可以通过调整" 收缩: 0.0 膨胀: 0.0 "(收缩和膨胀的数值)来改变

曲线的形状,也就是物体变形的形状,如图 5 - 155 所示。软选择类似于 FFD 修改器,通过
对少数几个点的编辑,达到整体变形的效果。

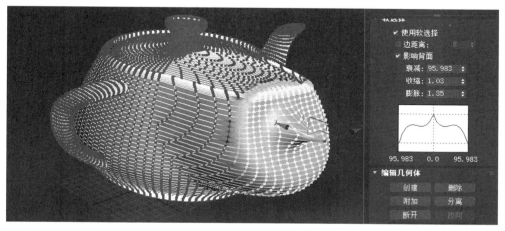

图 5 - 155　调整曲线

5) 视图对齐:当物体的某些点没有在一个平面上,我们想让它们在一个平面上,框选这
些点,在顶视图中单击 视图对齐 按钮,被选中的点会自动对齐到一个平面上,如图 5 - 156
所示。注意视图的选择,如果想让点对齐到 XOY 平面,则选择顶视图;如果想让点对齐到
ZOY 平面,则选择左视图;如果想让点对齐到 XOZ 视图,则选择前视图。

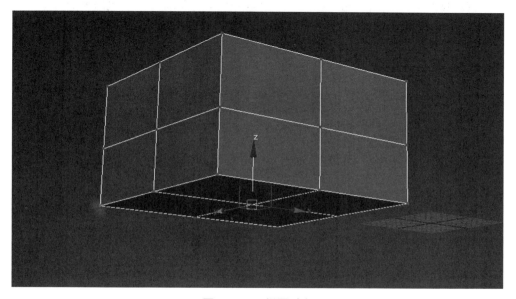

图 5 - 156　视图对齐

小结

通过对编辑网格修改器中其他命令的学习,我们综合掌握了物体各层级的其他命令,如忽略背面、快速地选择边、软选择工具、对齐命令等。这一节的知识点比较复杂,但都很实用,可以帮助我们大大提高工作效率和建模的准确性。通过一系列的学习,我们可以将简单的几何形体变成复杂模型。同学们要学会举一反三,为以后复杂模型的创建打下良好基础。

第二十二节 │ 修改器选择

本节我们要学习多边形修改器。将物体转化为可编辑多边形的方式有两种:一是选择物体→右击→选择转换为可编辑多边形;二是在修改器列表中,选择编辑多边形命令。可编辑多边形和可编辑网格有些类似,有 5 个层级:点层级、边层级、边界层级、面层级、元素层级。

1)点层级

(1)忽略背面:创建一个长方体,右击,选择"转换为可编辑多边形",如图 5 - 157 所示。在修改器中选择顶点层级,勾选 ✔忽略背面 ,则在视图中框选点时,只能选择正面的点,背面的不会被选中。忽略背面命令可避免我们在建模过程中误操作其他物体。

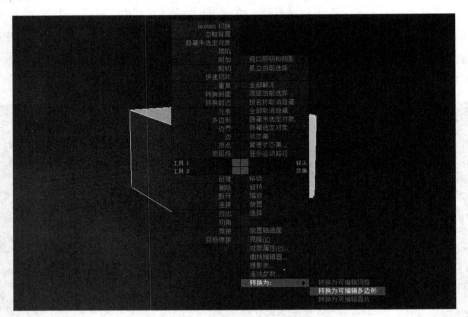

图 5 - 157　转换为可编辑多边形

(2)收缩/扩大:创建一个球体—转换为可编辑多边形—点层级—选择一个顶点,单击

选择面板的 扩大 按钮,视图中选中的顶点周围的点会被选中,如图 5-158 所示。不断单击扩大按钮,会不断添加选中周围的点。单击 收缩 按钮,视图中被选中的点会减少。这个操作在边层级同样适用。

图 5-158　扩大

2) 边层级

(1) 按顶点:在修改器中选择边层级,勾选面板中的 ✓ 按顶点 ,则在视图中直接选择物体的边是选不中的,需要选择点才能选择到与这个点相关的边,如图 5-159 所示。

(2) 忽略背面:使用方法同点层级。

(3) 收缩/扩大:使用方法同点层级。

(4) 环形/循环:选择物体的一条边,单击选择面板中的 环形 按钮,则物体一圈的边会被选中,如图 5-160 所示。选择物体的一条边,单击选择面板中的 循环 按钮,跟这条边的首尾相连的边都会被选中,如图 5-161 所示。

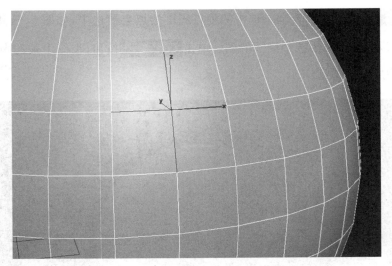

图 5 - 159　按顶点

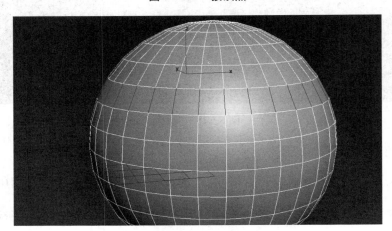

图 5 - 160　环形

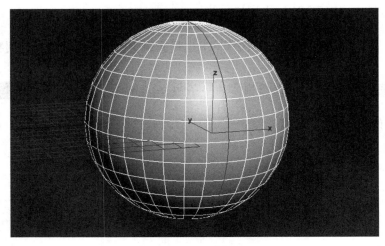

图 5 - 161　循环

3）边界层级

通常创建的几何体是没有边界的。创建一个平面—转换为可编辑多边形—边界层级—在视图中框选平面，则可选中平面的边界，如图 5 - 162 所示，边界层级的参数和边层级类似。

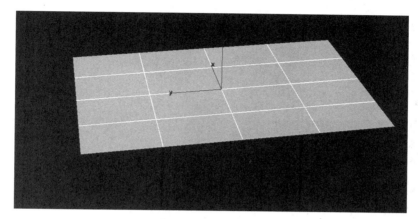

图 5 - 162　选择边界

4）面层级

（1）按顶点：使用方法同点层级。

（2）忽略背面：使用方法同点层级。

（3）收缩/扩大：使用方法同点层级。

（4）按角度：勾选 按角度： ，默认值为 45°，两个面之间的夹角小于或等于 45°的面都会被选中，如图 5 - 163 所示，3ds Max 中计算夹角的方式不是两个面之间的夹角，而是一个面的延长线与另一个面的夹角，如图 5 - 164 所示，可以调整"按角度"的数值来控制选择面的范围。

图 5 - 163　按角度

图 5 - 164 夹角的计算方式

5）元素层级

创建一个茶壶→转换为可编辑多边形→选择元素层级,组成茶壶的壶盖、壶嘴、壶身、壶把都属于元素层级,直接在某物体上单击则会选择该元素。

小结

将物体转换为可编辑多边形,有点层级、边层级、边界层级、面层级、元素层级这样 5 个层级。通过这一节的学习,我们掌握了选择面板中不同层级的基础应用。多边形建模是三维建模软件中非常常见的建模方式,我们通过不同层级的基本操作可以将简单的几何形体变成复杂模型。同学们应活学活用,多多尝试,为以后的多边形建模打下基础。

第二十三节 修改器软选择

物体的软选择参数默认是未开启状态,如果想使用软选择,需要在软选择面板中勾选 ✔ 使用软选择 。

1）创建物体

创面平面,在修改面板中将高度分段设置为 15,宽度分段设置为 15,转换为可编辑多边形,如图 5-165 所示。

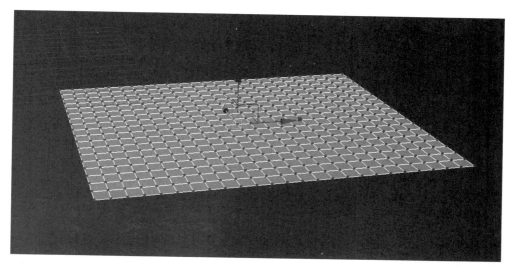

图 5-165　创建平面

2）软选择

（1）选择顶点层级—选择物体的一个顶点→勾选软选择面板中的 ✔ 使用软选择 ,被选中的顶点周围会有从暖到冷的颜色渐变,移动顶点,顶点周围的点也会发生位移变化,如图 5-166 所示。暖色调的点受到的影响大一些,冷色调的点受到的影响小一些。

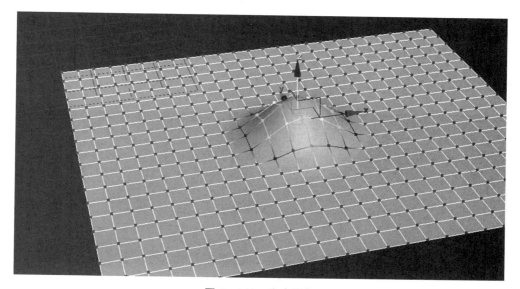

图 5-166　移动顶点

将软选择面板中"衰减"按钮后面的阈值加大,则点的影响范围就越大;反之,衰减值减小,点的影响范围就减小,如图 5-167 所示。调整软选择面板中"收缩"的数值,收缩数值越大,受影响的点的范围越小,也就是暖色调区域减小,收缩数值越小,受影响的点的范围越大,也就是暖色调区域增大;膨胀和收缩的效果正好相反。

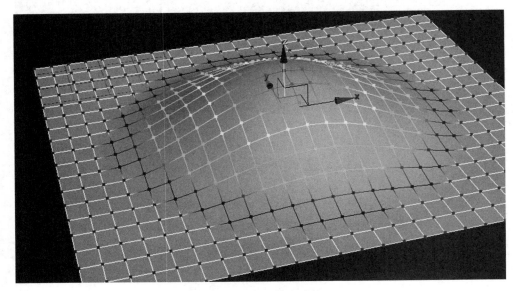

图 5 - 167　调整衰减值

调整曲线面板,移动物体上的顶点,可见物体变形的规律和曲线视图中的相同,如图 5 - 168 所示。

(2)选择面层级,单击绘制软选择面板中的 绘制 按钮,通过笔刷大小和笔刷强度可以控制绘制软选择范围,如图 5 - 169 所示。单击 复原 按钮,可将软选择去除掉,相当于橡皮擦功能。

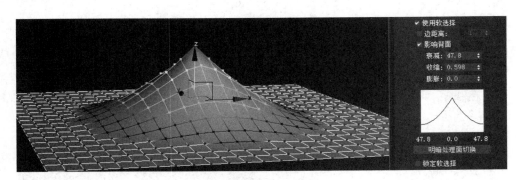

图 5 - 168　曲线调整

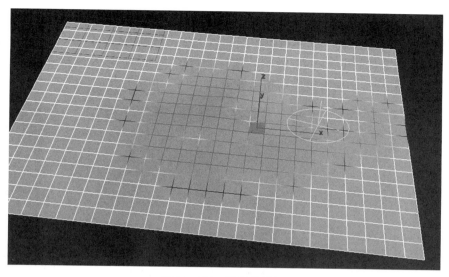

图 5－169　绘制软选择

小结

通过对多边形软选择面板的学习,我们基本掌握了软选择的基本操作方式,例如激活软选择,通过调整衰减数值来控制软选择的影响范围,收缩、膨胀、绘制软选择等一系列命令。软选择可以将物体的某个点或者某条边的影响增大,形成过渡效果。

第二十四节　修改器编辑几何体

1）创建物体

创建一个球体→转换为可编辑多边形→面层级→选择物体的一个面,如图 5－170 所示。

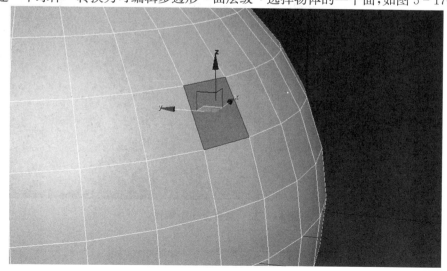

图 5－170　选择面

2）编辑多边形

面层级→选择物体的面→在编辑多边形面板中单击 挤出 按钮，按住左键在视图中拖拽，得到面挤出效果，如图 5 - 171 所示。选择物体的其他面，单击编辑几何体面板中的 重复上一个 按钮，则会重复应用挤出效果，如图 5 - 172 所示。

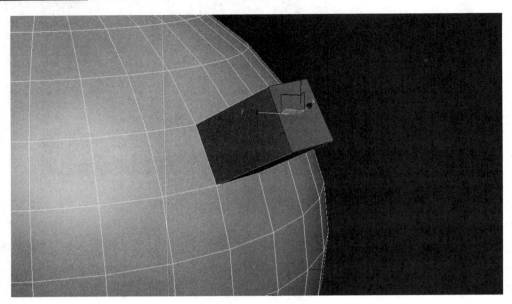

图 5 - 171　面挤出

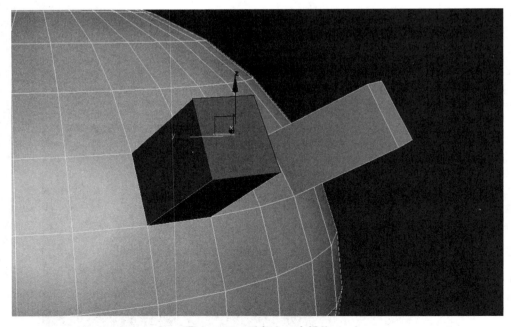

图 5 - 172　重复上一个操作

3）编辑几何体

（1）约束：点层级，选择物体的顶点→编辑几何体面板，约束默认是"无"，这时可随意移动点；当约束模式是"边"的时候，再移动点，点会被约束在边上，如图5-173所示。同理，当约束模式是"面"的时候，再移动点，点会被约束在面上。当约束模式是"法线"的时候，再移动点，点会被约束在法线的朝向上。

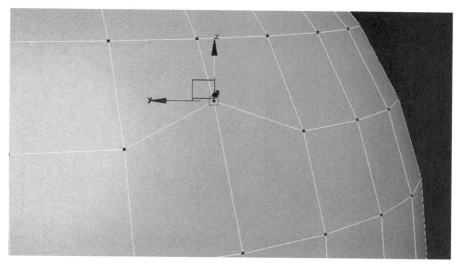

图5-173 约束到边

（2）创建：能创建什么物体要看当前在哪个层级，在点层级则创建点，在边层级则创建边。

选择点层级，点击 创建 按钮，在视图中单击就会创建点，如图5-174所示。这样创建的点跟物体没有任何联系，没有实际意义。

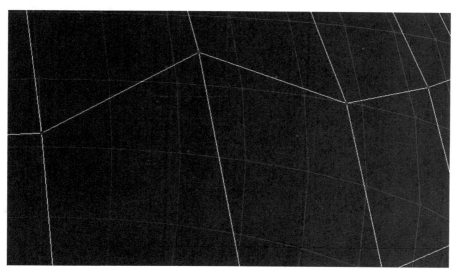

图5-174 创建点

选择物边层级,点击 创建 按钮,在物体上单击一下,再到另一处,两点之间会产生一条线,如图 5‑175 所示。

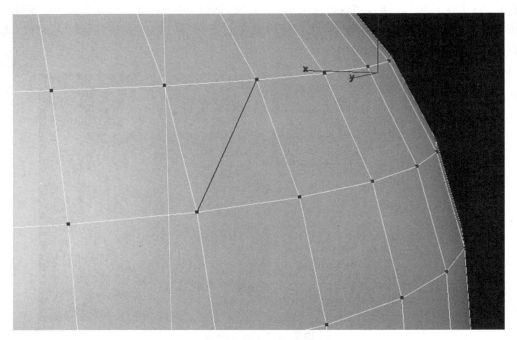

图 5‑175　创建边

（3）塌陷:点层级→选择两个点→单击"塌陷"按钮,则两个点会塌陷成一个点,如图 5‑176 所示。也可以选择多个点塌陷成一个点。

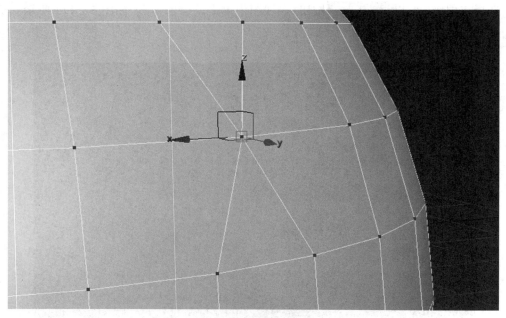

图 5‑176　塌陷

（4）附加：可以把多个物体变成一个物体。在场景中创建多个几何体，单击 附加 按钮，选择想要附加的物体，选中的物体变成一个物体，如图 5‒177 所示。除了在场景中点击物体进行附加以外，还可以通过附加列表来附加物体，单击附加按钮后面的 ▣，在弹出的附加列表中选择想要附加的物体，如图 5‒178 所示，单击附加按钮完成附加命令。这两种附加方式的效果是完全一样的。

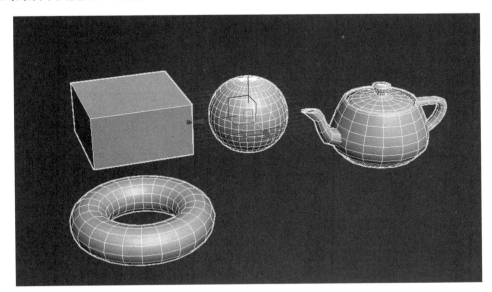

图 5‒177　附加

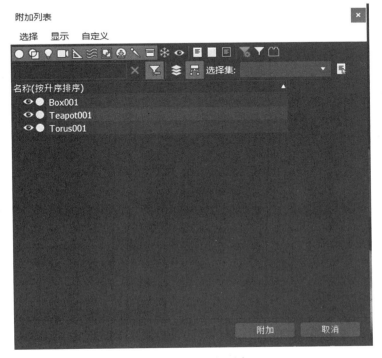

图 5‒178　附加列表

（5）分离：选中附加的物体，选择面层级，框选其中一个物体，单击 分离 按钮，弹出分离对话框，不勾选任何选项，如图 5 - 179 所示，单击确定按钮，则选中的物体会被分离出来，如图 5 - 180 所示。如果勾选 分离到元素 ，则物体是以元素的方式存在。如果勾选"以克隆对象分离"，则物体会复制一个并将之分离，原来的物体不受影响，如图 5 - 181 所示。

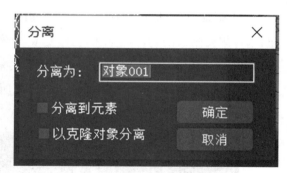

图 5 - 179　分离对话框

图 5 - 180　分离物体

图 5 - 181　克隆对象分离

（6）切片平面：选择长方体竖向的四条边，勾选 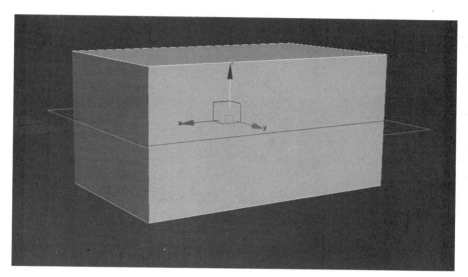 ✔分割 复选框，单击 切片平面 按钮，这时长方体会产生一个横截面，移动截面可以选择切片的位置，如图 5－182 所示。单击 切片 按钮，完成切割，物体上会切割出一条线。单击 重置平面 按钮，可以重置到切片前的状态。

图 5－182 切片平面

（7）快速切片：单击 快速切片 按钮，在场景中单击、拖拽，会有一条虚线产生，如图 5－183 所示。快速切片命令可以任意在物体上切割，如图 5－184 所示，优点是操作简单、切割快捷，但是切割精度很差，可根据具体需要选择切割工具。

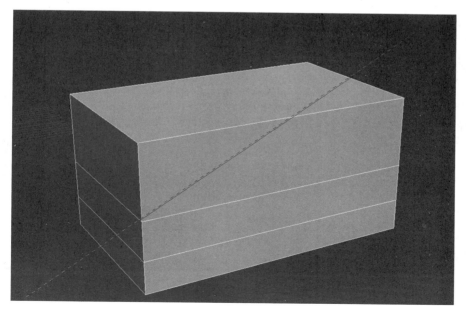

图 5－183 快速切片

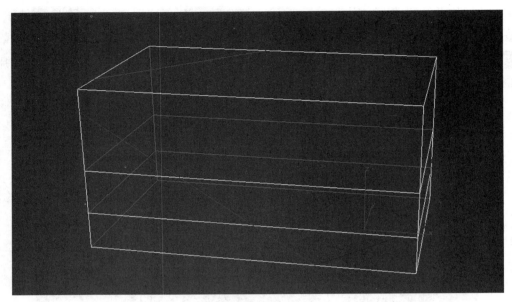

图 5 - 184　任意切割效果

（8）切割：点击　切割　按钮，光标放到点、边、面上的图标是不一样的，这样可有效避免选错对象，切割工具可以点对点切割、点对边切割、边对边切割，十分方便，右击则结束切割，如图 5 - 185 所示。

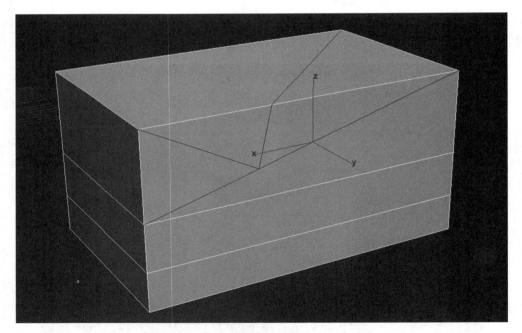

图 5 - 185　切割

（9）网格平滑：选择物体，单击 网格平滑 按钮，会使物体产生平滑效果；连续单击"网格平滑"按钮，物体会加倍平滑，如图 5‐186 所示。

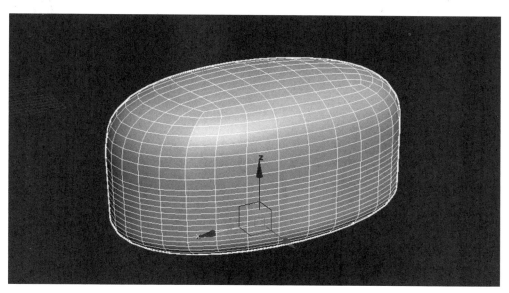

图 5‐186 网格平滑

（10）细化：选择物体，单击 细化 按钮，物体会增加分段，多次单击"细化"按钮，会加倍产生分段，如图 5‐187 所示。单击细化后面的正方形按钮，调整阈值，可使物体产生变形，如图 5‐188 所示。

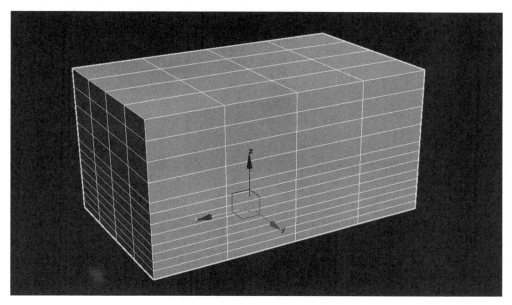

图 5‐187 细化

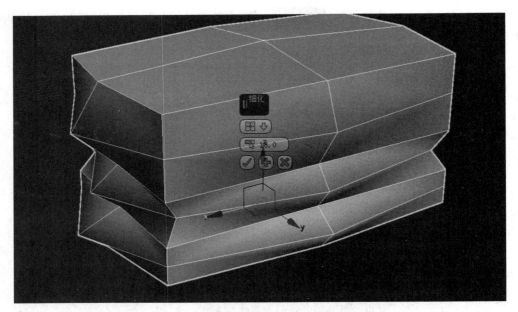

图 5-188　调整细化参数

(11) 平面化：可以把不在一个平面上的点，对齐到一个平面上。选择物体上不规则的点，单击 ▓▓平面化▓▓ 按钮，单击要对齐的轴。如图 5-189，要将物体上面四个点平面化，先选择跟这四个点连成平面垂直的轴，如选择"Z 轴"，完成后四个点对齐到一个平面上。

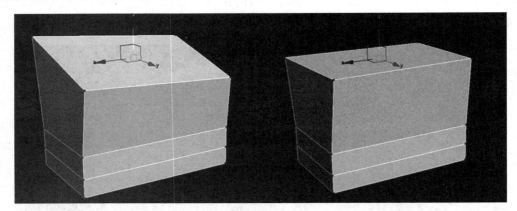

图 5-189　平面化

(12) 隐藏选择对象：选择物体的某些面，单击 隐藏选定对象 按钮，则被选择的对象会隐藏，如图 5-190 所示；单击 隐藏未选定对象 按钮，则没有被选择的对象会隐藏，如图 5-191 所示；单击 全部取消隐藏 按钮，则物体全部被显示。

图 5－190　隐藏选定对象

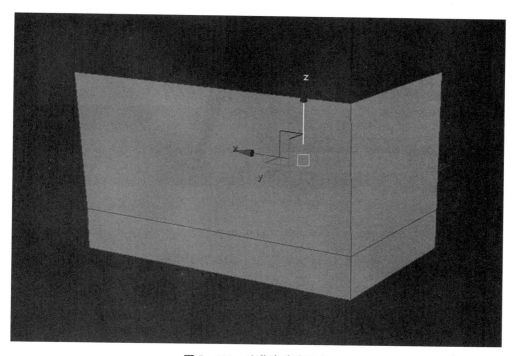

图 5－191　隐藏未选定对象

小结

通过对多边形编辑几何体面板的学习,我们掌握了编辑几何体中不同层级的相关命令,例如约束、创建、附加、分离、塌陷、切割等常用命令。在建模过程中,我们需要活学活用,为以后建模打下坚实基础。

|第二十五节| 点、边及边界层级

1) 点层级

(1) 移除:在可编辑多边形点层级和边层级中,删除点和边的方式不能直接按 Delete 键,否则会导致相关的面也被删除。选择物体上的点,单击 [移除] 按钮,或使用快捷键 "Backspace",这样删除点不会影响到相关的面。

(2) 断开:选择物体上的点,单击编辑顶点面板的 [断开] 按钮,一个点会被断成 4 个点,如图 5-192 所示。

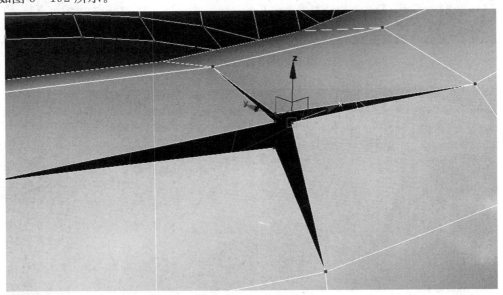

图 5-192　断开

(3) 焊接:选择想要焊接的点,单击编辑顶点面板的 [焊接] 按钮,则点被焊接到一起,如果没有变化说明点之间的距离超出了默认焊接的距离,可单击焊接后面的 [口] 按钮,调大焊接的阈值,直到点被焊接到一起,如图 5-193 所示。

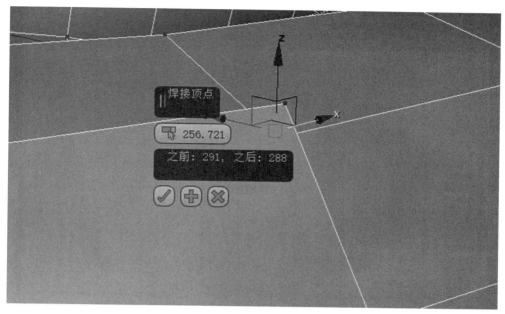

图 5 - 193 焊接

（4）目标焊接：在焊接两个点的时候，焊接之后点的位置在之前两个点的中心点。如果我们想把一个点焊接到另一个点上，需要使用目标焊接命令。选择物体的一个点，点击 目标焊接 按钮，在视图中鼠标拖拽出一条虚线到另一个点上，松开左键，完成焊接，如图 5 - 194 所示，目标焊接的前提条件是两点之间有直线相连。

图 5 - 194 目标焊接

（5）挤出：选择物体顶点，单击编辑顶点面板中"挤出"后面的正方形按钮，挤出有两个阈值,一个要控制挤出的高度,一控制挤出的底面的大小,如图 5‒195 所示。挤出单击 ☑️ 按钮,要挤出多次点击 ➕ 按钮,要取消挤出单击 ✖️ 按钮。

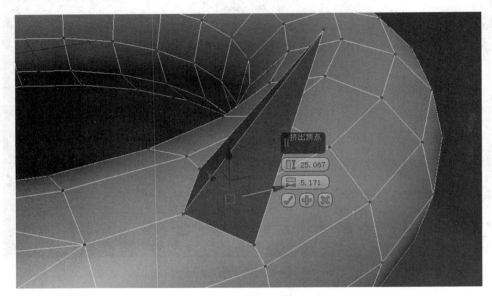

图 5‒195 挤出

(6)切角:选择物体顶点,单击编辑顶点面板中"切角"后面的正方形按钮,切角有两个阈值,一个控制切角的大小,一个打开切角,如图 5‒196 所示。

图 5‒196 切角

(7)连接:选择物体两个点,单击编辑顶点面板中的 连接 按钮,则两个点之间会产生一条直线,如图 5‒197 所示,也可框选多个点进行连接。

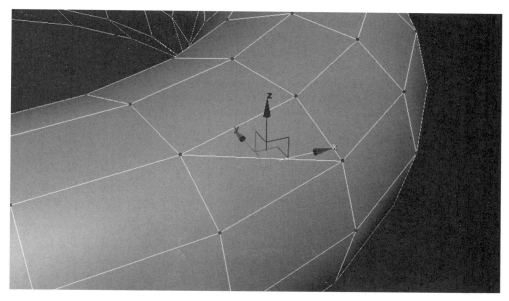

图 5 - 197　连接

2）边层级

（1）插入顶点：选择物体的一条边，单击编辑边面板中的 插入顶点 按钮，在直线上点击一次插入一个点，单击多次插入多个顶点，如图 5 - 198 所示。

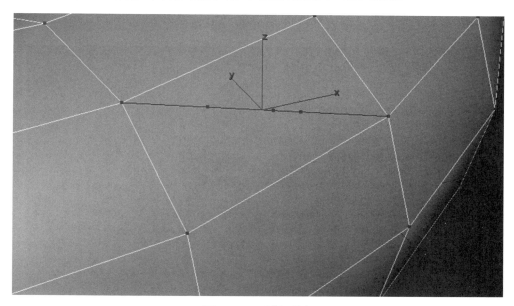

图 5 - 198　插入顶点

（2）移除：移除边时，若单击移除按钮，边被删除了，但是边上的点还在，而通常情况下删除边的同时上面的点也要删除，因此删除边应该使用快捷键 Ctrl＋Backspace，这样删除边的同时边上的点也一并被删除。

（3）分割：创建平面→转换为可编辑多边形。选择一条边，单击编辑边面板中的 ▮▮▮分割▮▮▮ 按钮，光标移动到边上，边会被剪开，如图 5 - 199 所示，分割可以剪开边界的边，里面的边是不可剪开的。

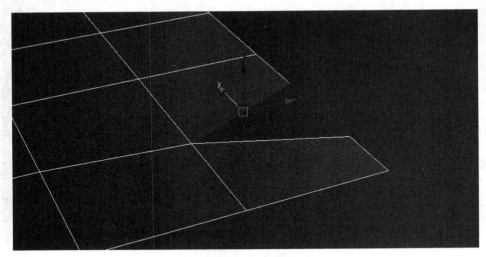

图 5 - 199　分割

（4）挤出：选择物体的边，单击编辑边面板中"挤出"后面的正方形按钮，挤出有两个阈值，一个控制挤出的高度，一个控制挤出的底面的大小，如图 5 - 200 所示。挤出单击"✔"按钮，要挤出多次点击"➕"按钮，要取消挤出单击"✖"按钮。

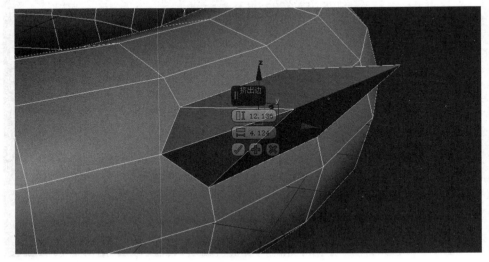

图 5 - 200　边挤出

（5）切角：选择物体的一条边，单击编辑边面板中"切角"后面的正方形按钮，通过调整阈值可以得到更加精确的切角效果，第一个阈值是切角的方式，第二个阈值是切角的大小，第三个阈值是切角的细分，第四个阈值是打开切角，如图 5 - 201 所示。

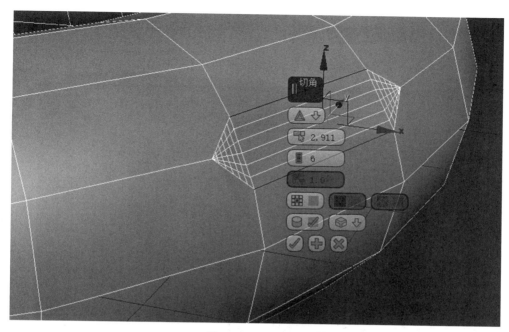

图 5‑201　边切角

（6）焊接/目标焊接：使用方法同点层级，但实际建模过程中边的焊接和目标焊接用得很少。

（7）桥：将两条不相连的边选中，单击编辑边面板中的"桥"按钮，两条边中间会产生面将两条边连接起来，如图 5‑202 所示，但两条边如果有夹角则用不了该命令。

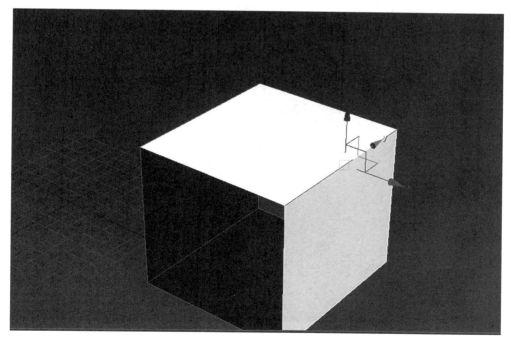

图 5‑202　桥

（8）利用所选内容创建图形：即在三维模型中创建二维线。选择物体上多条连续线段，单击编辑边面板中的 利用所选内容创建图形 按钮，则该条线段会形成一个二维线独立出来，如图 5 - 203 所示，创建图形的时候可选"平滑"模式或者"线性"模式。

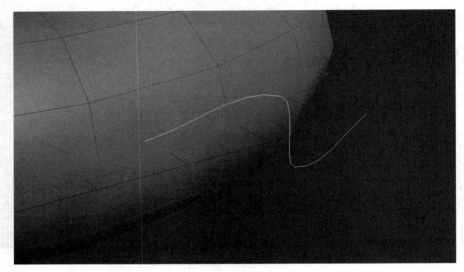

图 5 - 203　利用所选内容创建图形

3）边界层级

封口：边界层级和边层级的参数大多是一样的，使用方法也是一样的，只比边层级多了一个封口命令。我们的模型上有不能通过桥补上的缺口时，就应该使用封口命令。选择物体的边界层级，点击编辑边界面板中的 封口 按钮，在缺口上单击，物体的缺口会被封上，如图 5 - 204 所示。

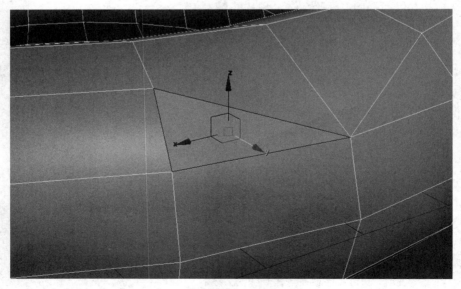

图 5 - 204　封口

小结

通过对可编辑多边形点、边、边界层级的进一步学习，我们掌握了不同层级下编辑几何体的相关命令，例如点层级中的移除、断开、挤出、焊接、目标焊接、连接，边层级中的插入顶点、挤出、焊接、移除、分割、切角、桥、连接，边界层级中的封口命令等。这些是我们在多边形建模中使用非常频繁的命令，大家应多多练习，熟练掌握它们的具体用法及相关参数的设置，记住常用快捷键，这样可以让我们在建模过程中大大提高工作效率。

第二十六节　多边形层级和元素层级

1）多边形层级

（1）插入顶点：创建一个长方体→转换为可编辑多边形。选择物体的一个面，单击编辑多边形面板中的 插入顶点 按钮，在面上单击一次插入一个顶点，单击多次可插入多个顶点，如图 5 - 205 所示。

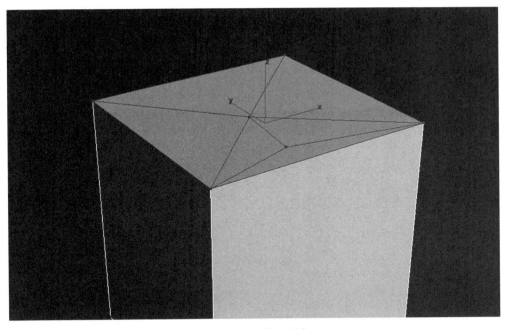

图 5 - 205　插入顶点

（2）挤出：创建球体→转换为可编辑多边形—面层级。选择物体的多个连续面，单击编辑多边形面板中"挤出"按钮后面的正方形，第一个阈值是挤出的类型，有三个，分别是：组、局部法线、按多边形；第二个阈值是挤出的高度，如图 5 - 206 所示。

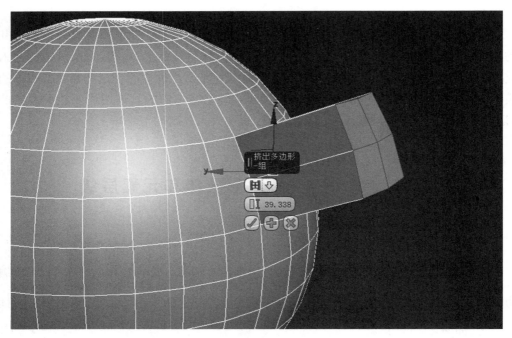

图 5‑206　挤出

（3）倒角：选择物体的多个连续面，单击编辑多边形中"倒角"按钮后面的正方形，第一个阈值是倒角的类型，有三个，分别是：组、局部法线、按多边形；第二个阈值是倒角的高度；第三个阈值是轮廓，可以控制面的收缩率。倒角和挤出很类似，只比挤出多了一个阈值轮廓，如图 5‑207 所示。

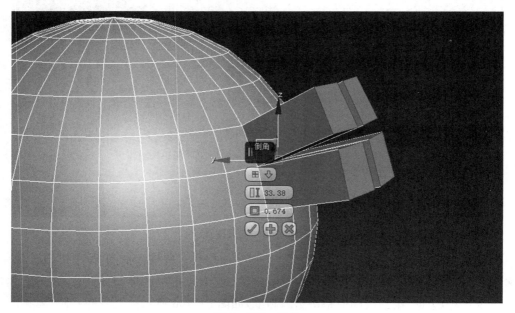

图 5‑207　倒角

（4）轮廓：选择物体的多个连续面，单击编辑多边形中"轮廓"按钮后面的正方形，阈值用于控制选中面的大小，如图5－208所示。

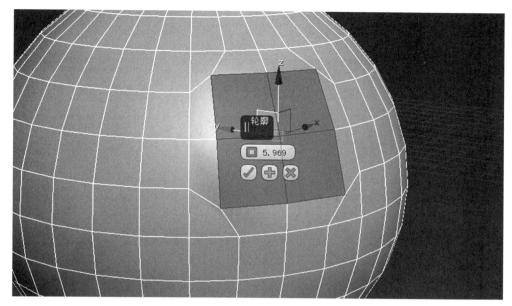

图5－208　轮廓

（5）插入：选择物体的多个连续面，单击编辑多边形中"插入"按钮后面的正方形，第一个阈值是插入的类型，可以按组插入，也可按多边形插入；第二个阈值是调整插入的多少。插入和轮廓不同，插入是新创建一个向内收缩的面，如图5－209所示。

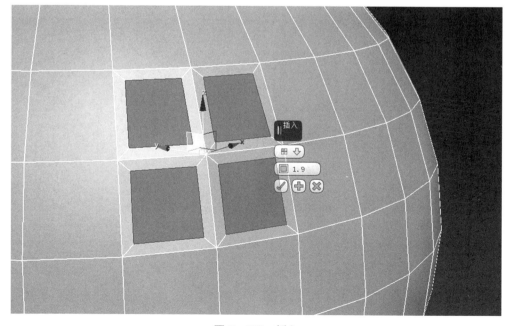

图5－209　插入

（6）桥：选择元素层级，复制物体。选择同一个物体两个相对的面，单击编辑多边形面板中的　　桥　　按钮，两个面中间产生连接面，如图5-210所示；同一个元素的两个相对面选中，单击桥，则会产生中间镂空的效果，如图5-211所示，单击"桥"后面的正方形按钮，可调节桥的阈值，增加分段、收缩/膨胀、锥化等效果，如图5-212所示。

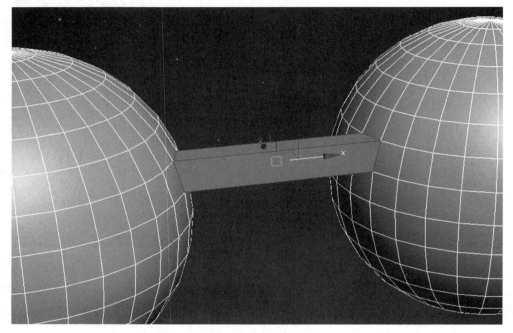

图5-210　桥(1)

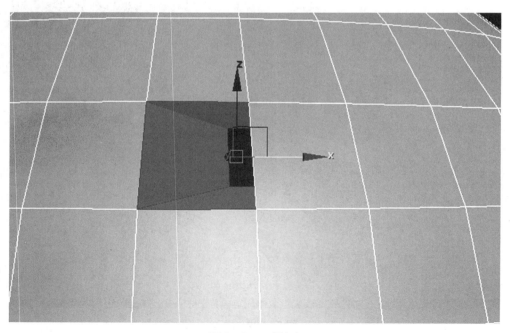

图5-211　桥(2)

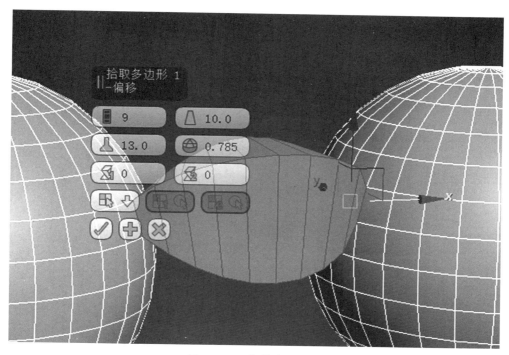

图 5 - 212　桥的参数设置

（7）翻转：选择物体的一个面，单击编辑多边形面板中的 翻转 按钮，面的法线会翻转，翻转的面呈暗红色，如图 5 - 213 所示。

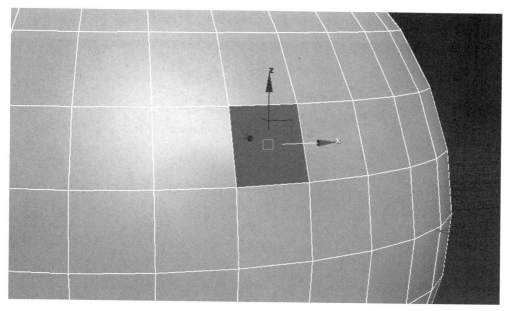

图 5 - 213　翻转

（8）从边旋转：选择物体的一个面，单击编辑多边形面板中"从边旋转"后面的正方形按钮，单击第三个阈值"拾取边"，在边上单击。其第一个阈值是旋转的角度，第二个阈值是旋转的细分，如图 5-214 所示。

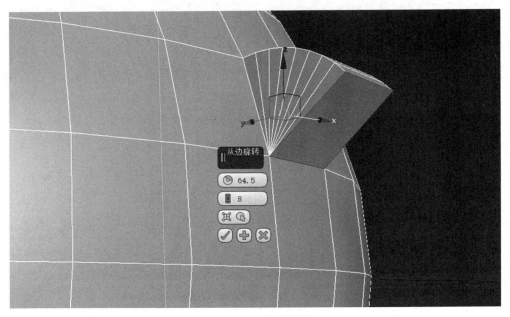

图 5-214　从边旋转

（9）沿样条线挤出：在场景中画一条样条线，选择物体的一个面，单击编辑多边形面板中的"沿样条线挤出"按钮。在视图中单击样条线，则选中的面会沿着样条线延伸，如图 5-215 所示；在"沿样条线挤出"的阈值中可调节分段、锥化、旋转等，如图 5-216 所示。

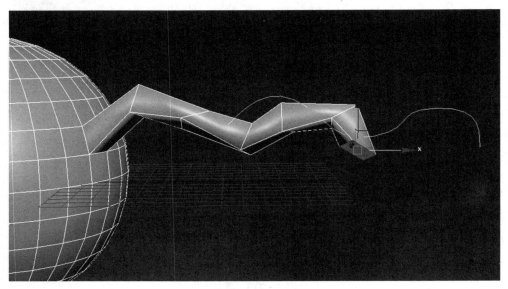

图 5-215　沿样条线挤出

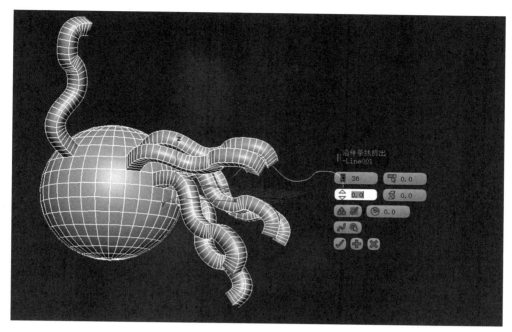

图 5 - 216　沿样条线挤出

2）元素层级

元素层级和多边形层级的参数都一样,使用方式也大致相同,相关命令可参考多边形层级。

小结

通过对可编辑多边形层级、元素层级的进一步学习,我们掌握了不同层级编辑几何体中的相关命令,例如多边形层级中的插入顶点、挤出、轮廓、倒角、插入、桥、翻转、从边旋转、沿样条线挤出等。这些是我们在多边形建模中使用非常频繁的命令,大家应多多练习,熟练掌握它们的具体用法及相关参数的设置,记住常用快捷键,这样可以让我们在建模过程中大大提高工作效率。

第二十七节　多细分曲面绘制变形

1）创建物体

创建一个平面,高度分段为 25,宽度分段为 25,转换为可编辑多边形,如图 5 - 217所示。

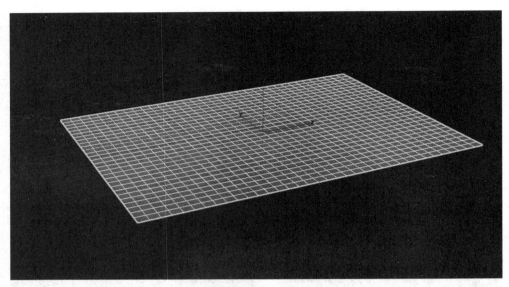

图 5-217　创建平面

2）绘制变形

（1）推拉：单击绘制变形面板的 推/拉 按钮，在平面上按住左键拖拽，通过调节推/拉

的数值，来控制物体变形的强度，正值是凸出效果，负值是凹陷效果，如图 5-218 所示；也可

以通过快捷键来控制凹凸效果，单击拖拽是凸出效果，按住 Alt 键再单击拖拽是凹陷效果。

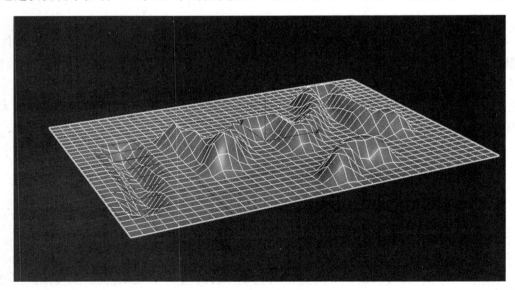

图 5-218　推/拉

（2）松弛：单击绘制变形面板中的 松弛 按钮，在物体表面变形比较严重的地方使

用,会使物体表面变得柔和一些,如图 5 - 219 所示。

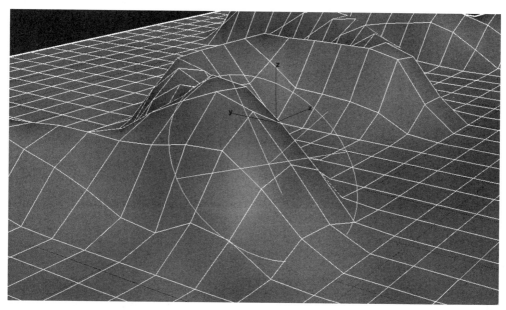

图 5 - 219　松弛

(3)复原:单击绘制变形面板中的 ████ 复原 ████ 按钮,在物体变形的位置按住左键拖拽,可以使物体复原到变形之前,如图 5 - 220 所示,可调整笔刷的大小和强度。

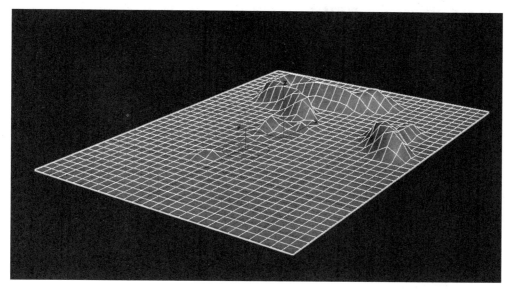

图 5 - 220　复原

(4)提交:物体变形完可以随时单击"复原"按钮复原,但是一旦单击了 ████ 提交 ████ 按钮,将复原不了了。

（5）笔刷选项：单击绘制变形面板中的 笔刷选项 按钮，在绘制选项面板中，可以调节笔刷的最小强度、最大强度、最小大小、最大大小等数值，如图5-221所示。

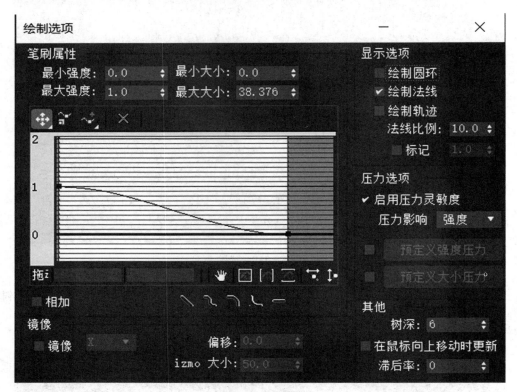

图5-221 绘制选项

3）细分曲面

在利用可编辑多边形建模的时候，很多时候要考验我们对细分曲面面板的理解。创建一个立方体，转换为可编辑多边形，在细分曲面面板勾选"使用NURMS细分"，原本的正方体变成一个球体，如图5-222所示。

将迭代次数改为2，物体会变得更圆，如图5-223所示。迭代次数代表了细分的程度，数值越高，物体越平滑。

勾选 平滑结果 按钮，物体表面会自动形成平滑组；不选中"平滑结果"按钮，则物体的面与面之间不会有平滑过渡。

勾选 等值线显示 按钮，物体会显示平滑后的所有面。

勾选 显示框架... 按钮，选择点层级，会显示物体平滑前的状态，如图5-224所示。显示框架后面的 ■■ 代表框架选中之前和选中之后的颜色，单击颜色块，可以在颜色选择器面板中自定义颜色,如图 5 - 225 所示。

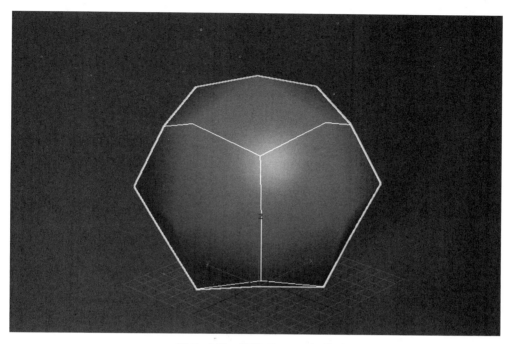

图 5 - 222　使用 NURMS 细分

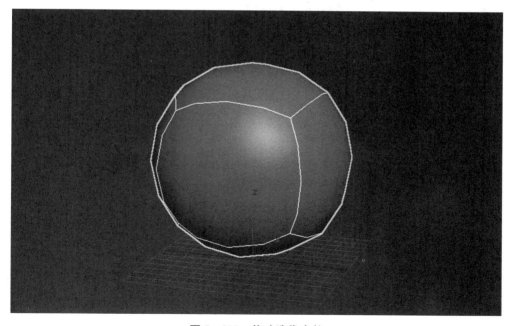

图 5 - 223　修改迭代次数

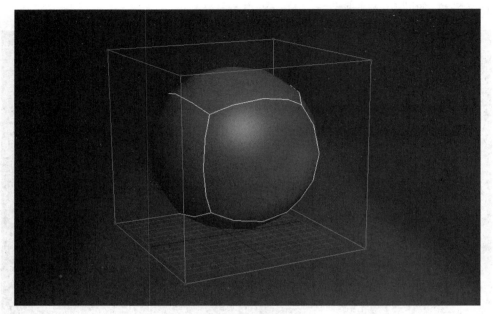

图 5 - 224　显示框架

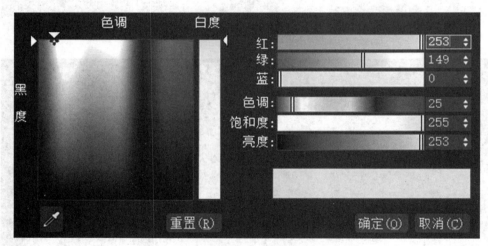

图 5 - 225　颜色选择器

　　在细分曲面面板中,显示面板的参数是我们直接在视图中看到的效果,渲染面板中的参数是我们渲染之后看到的效果。如果既想在操作过程中保持流畅,又想得到渲染后高平滑度的效果,可把显示面板的参数设置得低一些,渲染面板的参数设置得高一些,如图5 - 226 所示。

　　分隔方式可以按平滑组也可以按材质。单击

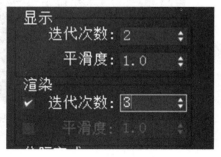

图 5 - 226　显示和渲染

平滑组 按钮,选择物体的两个相邻的面,单击平滑组中的"1",属于一个平滑组的两个面之间会产生平滑效果,如图5-227所示。单击 材质 按钮,则选择的面以材质ID分组。

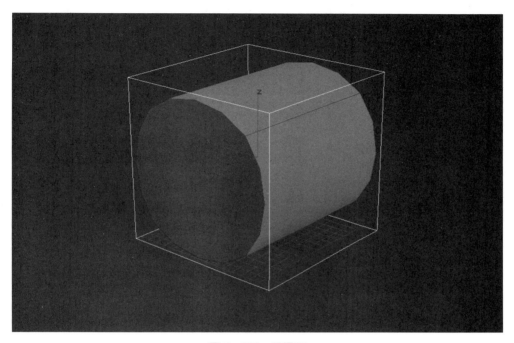

图5-227　平滑组

在更新选项面板中勾选"始终",则物体实时更新;勾选"渲染"时,则物体只有在渲染时更新,视图中物体没有变化;勾选"手动"则只有在单击 更新 按钮时才会更新。

小结

细分曲面对于我们多边形建模来说十分重要。通过细分曲面,我们可以得到表面平滑的模型。通过设置其不同的参数,我们可以控制物体的平滑程度和平滑位置。

第二十八节　修改器实例操作

制作工艺品勺子

步骤1:创建平面,高度分段为1,宽度分段为1,给平面加位图材质,如图5-228所示。

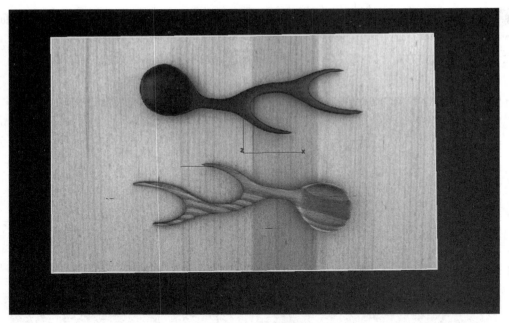

图 5‑228　添加材质

步骤 2：在顶视图中创建平面，放在适当位置，如图 5‑229 所示。选择贴图平面，右击→对象属性；在对象属性面板中，勾选"透明"，如图 5‑230 所示。

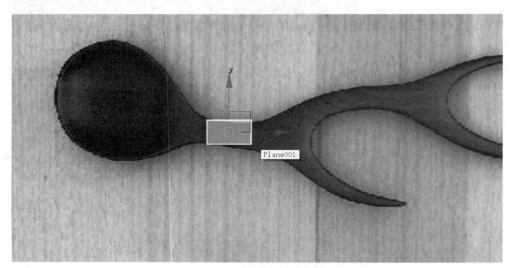

图 5‑229　创建平面

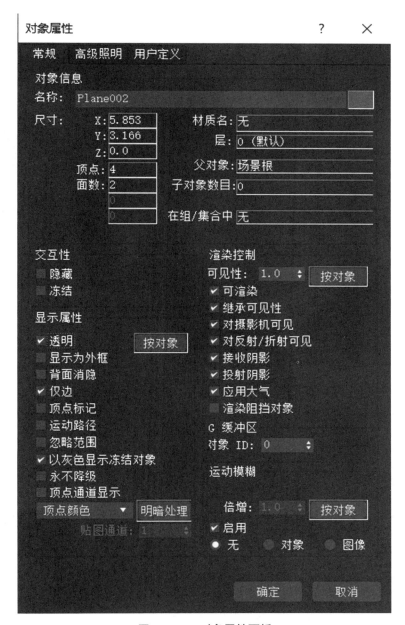

图 5 - 230　对象属性面板

　　步骤 3：选择平面，转换成可编辑多边形。先把勺子的大体轮廓制作出来。选择边层级，按住 Shift 键向外拖拽。再选择点层级，调整顶点，如图 5 - 231 所示。将勺子把的部分用同样的方法制作出来。勺子把的分叉部分用在左右两边创建的面挤出，如图 5 - 232所示。

图 5 - 231　制作勺子轮廓

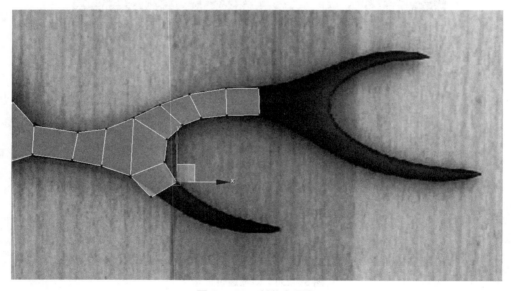

图 5 - 232　制作勺子把

　　步骤 4：将勺子整体轮廓全部制作好之后，选择勺子凹处的面，右击→插入，调整插入的阈值，如图 5 - 233 所示。单击"＋"再次插入，调整插入的阈值，并向下拖拽，如图 5 - 234 所示。再次插入，单击编辑几何体面板中的"塌陷"按钮，使底面塌陷成一个点，并适当向下拖拽，如图 5 - 235 所示。

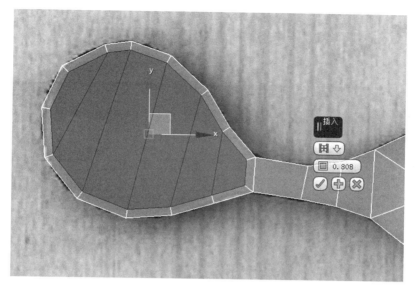

图 5 - 233　插入

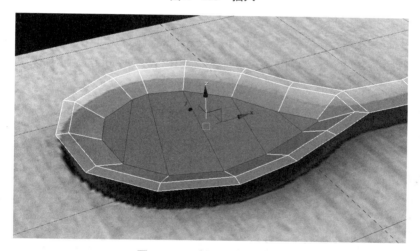

图 5 - 234　插入并向下拖拽

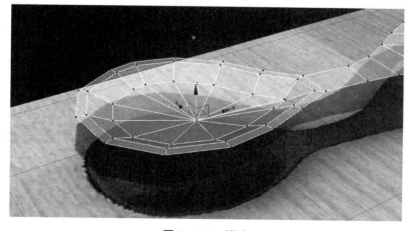

图 5 - 235　塌陷

步骤5:选择勺子,进入修改器列表,单击"壳"命令,调整壳参数面板的内部量和外部量,以调整勺子的厚度。再将勺子转换成可编辑多边形,勾选 NURMS 细分,如图 5-236 所示。

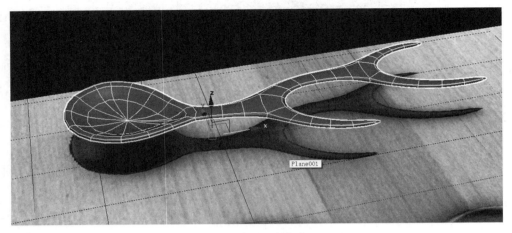

图 5-236　壳命令

步骤6:将细分曲面关掉,选择勺子底部的线并删除,注意用 Ctrl+Backspace 键删除,这样操作不会删掉相关联的面,如图 5-237 所示。选择外侧底部的边,向上移动,使勺子的边缘变窄,如图 5-238 所示。

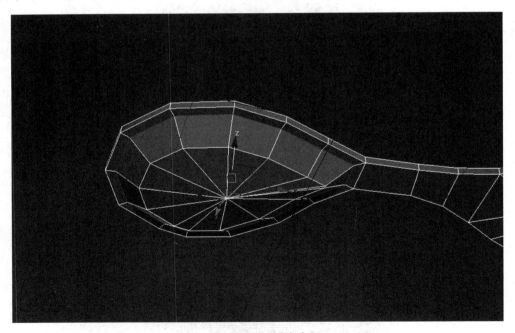

图 5-237　删除边

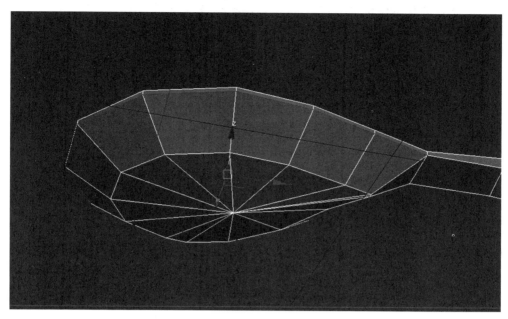

图 5‑238 移动边

步骤 7：面层级→选择勺子把→缩放工具加厚，如图 5‑239 所示。

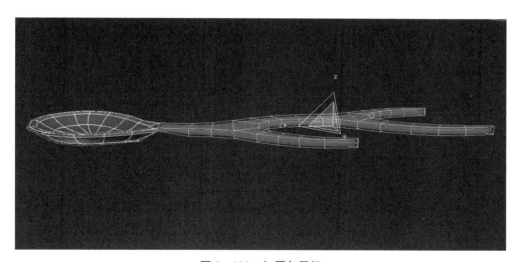

图 5‑239 加厚勺子把

步骤 8：打开细分曲面面板中的"使用 NURMS 细分"，勺子制作完成，如图 5‑240
所示。

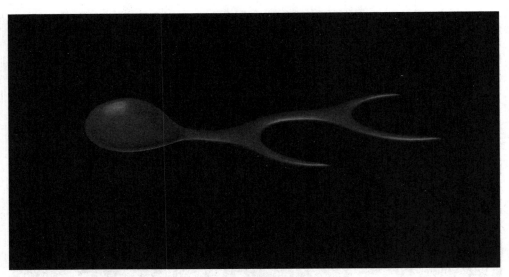

图 5 - 240　勺子制作完成

第六章

06

复合对象

教学目标: 熟悉 3ds Max 复合对象中布尔、放样、散布、图形合并、地形的运用

重点难点: 复合对象的综合运用及参数设置

教学方法: 教师进行理论知识讲解,演示操作过程,指导学生练习

第一节 | 布 尔

　　本章节主要讲解复合对象的常用命令。单击创建面板,在下拉菜单中找到复合对象,复合对象主要包括布尔、放样、散布、图形合并、地形等,如图6-1所示。

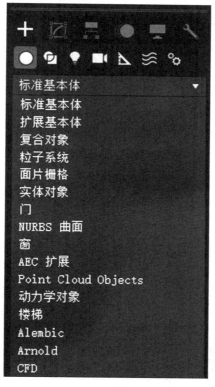

图 6-1 复合对象

　　布尔运算是一个简单且常用的命令,两个模型交叉之后可以运用布尔运算,拾取操作对象,选择操作模式,得到想要的运算效果。

　　1. 创建两个长方体

　　在 ● 创建命令面板中,单击 长方体 按钮,创建两个相交的长方体,如图6-2所示。

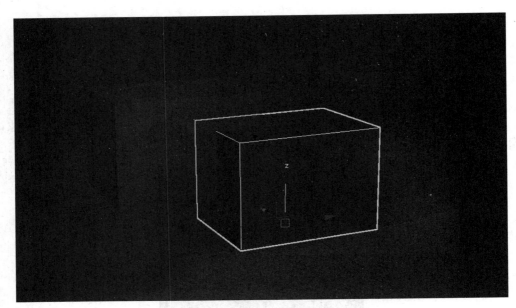

图 6-2　两个相交的长方体

在运算对象参数中选择 差集 ，单击布尔参数面板中 添加运算对象 按钮，在视图中选择要减去的对象，如图 6-3 所示。

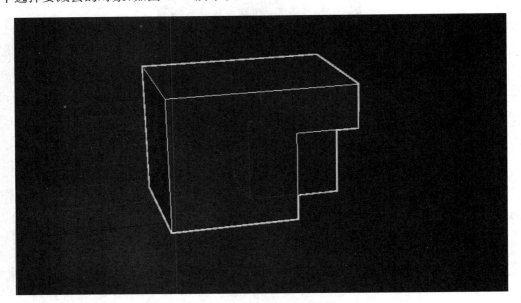

图 6-3　布尔运算后的结果

2. 主要的布尔运算方式

并集:A 物体+B 物体

交集:A 物体和 B 物体的相交部分

差集:A 物体-B 物体;B 物体-A 物体

3. 布尔运算的常见错误及解决方式

常见错误 1:

1) 在 3ds Max 中创建一个长方体和多个小长方体,如图 6-4 所示。

图 6-4 创建长方体

2) 选择视图中的所有小长方体,在实用程序 ![图标] 面板中单击 塌陷 按钮,选择 塌陷选定对象 按钮,使所有小长方体变成一个物体。

3) 选择大长方体,创建面板→复合对象→布尔,运算对象参数选择"差集",单击"添加运算对象"按钮,在视图中选择小长方体,得到的结果如图 6-5 所示。

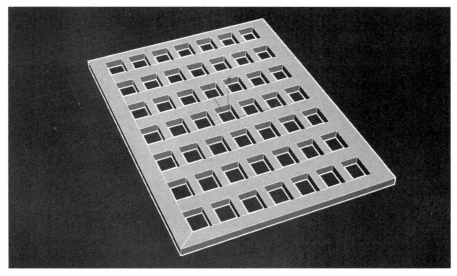

图 6-5 布尔运算正确

如果出现如图 6-6 所示的错误,添加大长方体的分段数即可。

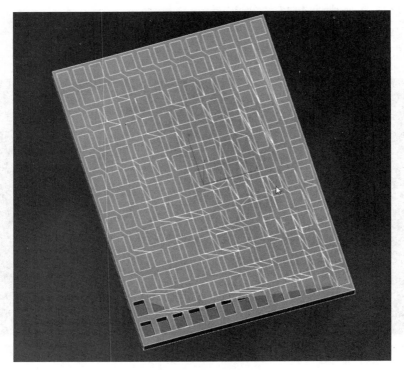

图 6-6　布尔运算错误

常见错误 2:

1) 创建两个相交的长方体,如图 6-7 所示。

图 6-7　创建两个长方体

2）删除某个长方体中的一个面,如图6-8所示。

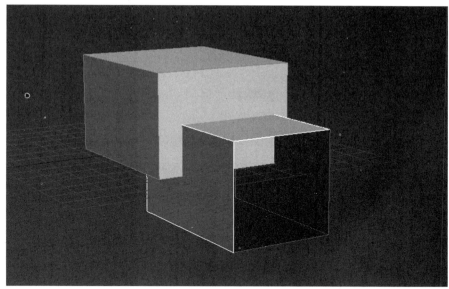

图6-8　删除某个长方体中的一个面

3）选择物体 A,即完整的长方体,单击复合对象→布尔→差集→添加运算对象,点击视图中的 B 物体,即缺面的长方体,这时 A 物体为减数,B 物体为被减数,得到错误结果如图6-9所示。

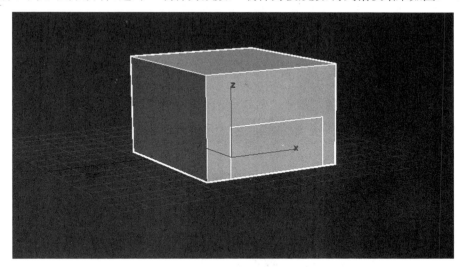

图6-9　布尔运算错误

4）要保证布尔运算的物体是完整的多边形才能避免这样的错误。

小结

通过对复合对象中布尔运算的学习,我们掌握了基本几何体的布尔运算,如差集、交集、并集等主要运算模式,并学会通过适当调节布尔参数,得到想要的运算效果,这些都是 3ds Max 入门基本操作,是以后建模学习的基础。

第二节 | 放 样

放样修改器是基于二维线生成的模型。

1. 创建样条线

创建一条路径,再创建一个二维图形作为截面,如图 6-10 所示。

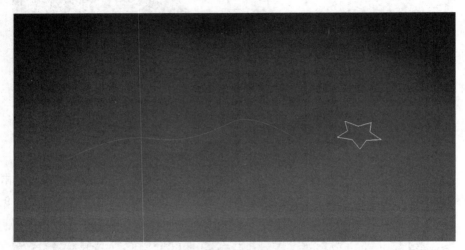

图 6-10 创建样条线和图形

2. 放样的两种模式

单击创建面板—复合对象—放样。放样有两种创建模式:获取路径和获取图形。

① 在视图中选择截面,单击 获取路径 ,在视图中选择路径,生成模型,如图 6-11 所示。

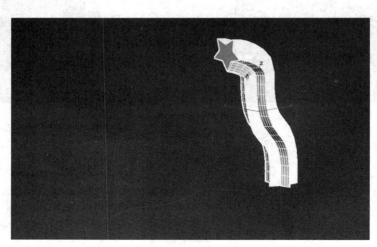

图 6-11 获取路径

② 在视图中选择路径，单击 获取图形 ，在视图中选择截面，生成模型，如图 6 - 12 所示。

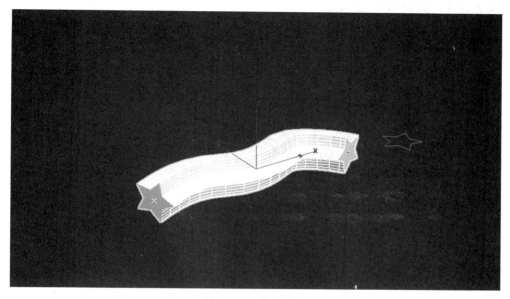

图 6 - 12　获取图形

一般情况下，路径所在的位置就是模型的最终位置，用路径获取图形的方法更为常用。

3. 多次拾取放样

在放样参数面板中，可调节路径参数，如图 6 - 13 所示。当路径参数为 0 时，路径上的"★"黄色标志在起始端；当路径参数为 50 时，路径上的黄色标志在中间；当路径参数为 100 时，路径上的黄色标志在末端"★"。

我们可以通过设置路径参数，多次拾取不同的截面图形。例如，在视图中创建圆形，选择样条线→放样，第一次获取星形截面，在视图中选择星形，将路径参数设置为 50；第二次获取圆形截面，在视图中选择圆形，得到结果如图 6 - 14 所示。

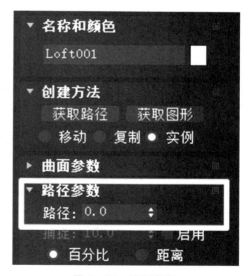

图 6 - 13　路径参数

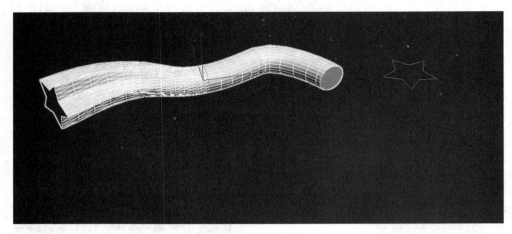

图 6 - 14　放样结果

如图 6 - 15 所示,蒙皮参数中的"路径步数""图形步数"可根据需要调节,步数越高分段越多,步数越少分段越少。

图 6 - 15　图形步数、路径步数

4. 放样的变形参数

选择放样之后的模型,单击修改面板→变形,变形参数默认关闭,如图 6 - 16 所示。

单击"缩放"按钮,在弹出的面板中调节点,缩放面板中的两个点对应模型的两端,上下移动点的位置,可实现模型的缩放;单击"▨▨"(插入点工具),在直线上单击可插入点,用

""（移动点工具）移动点的位置，可更改模型的缩放程度。选择点，右击，可选择平滑或角点模式，如图6-17所示。不需要缩放有变形效果时，可将缩放后面的　按钮关掉。

　　单击"扭曲"按钮，在弹出的面板中的两个点对应模型的两端，上下移动点的位置，可更改模型的扭曲程度。单击　（插入点工具），在直线上单击可插入点。用　（移动点工具）移动点的位置，可更改模型的扭曲程度。选择点，右击，可选择平滑或角点模式，如图6-18所示。不需要扭曲有变形效果时，可将扭曲后面的　按钮关掉。

　　单击"倾斜"按钮，在弹出的面板中的两个点对应模型的两端，上下移动点的位置，可更改模型的倾斜程度。单击插入点工具，在直线上单击可插入点。用移动点工具移动点的位置，可更改模型的倾斜程度。选择点，右击，可选择平滑或角点模式，如图6-19所示。不需要倾斜有变形效果时，可将倾斜后面的　按钮关掉。

图 6-16　变形

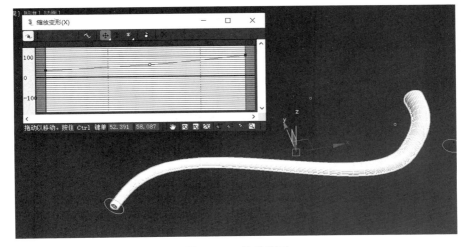

图 6-17　缩放变形

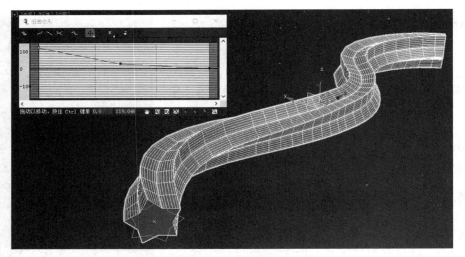

图 6-18 扭曲变形

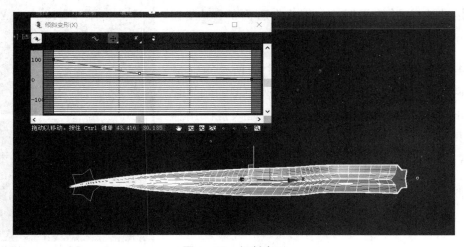

图 6-19 倾斜变形

5. 修改放样后的模型

放样后的模型有两种修改方式:修改路径、修改图形( )。

选择模型,展开放样 Loft,选择图形,可针对图形修改,如图 6-20 所示。选择路径,可

针对路径进行修改,如图 6-21 所示。展开 Line( ),可对路径的顶点、线段、样条

线三个层级进行修改。

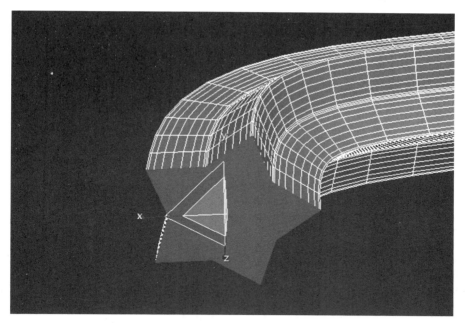

图 6-20 修改图形

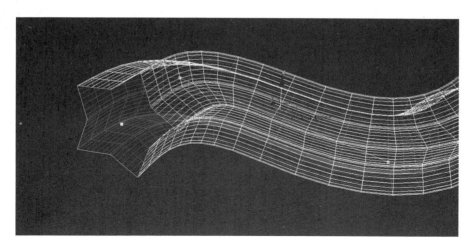

图 6-21 修改路径

小结

通过对复合对象中放样的学习,我们掌握了利用样条线生成三维模型的方法,如在视图中创建样条线和作为截面的图形,通过获取路径或获取样条线,可以得到一个通过放样生成的模型,适当调节相关参数,就得到想要的效果,这些都是 3ds Max 入门基本操作,是以后建模学习的基础。

| 第三节 | 散　布

1. 创建物体

在场景中创建一个球体和一个圆柱体，把其中一个散布到另一个上面，如图 6 - 22 所示。

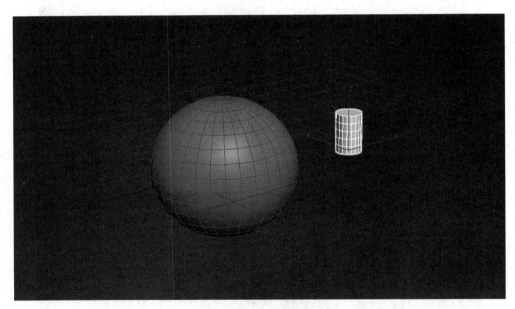

图 6 - 22　创建物体

2. 拾取散布对象

我们要将圆柱散布到球体上。首先选择需要散布的物体圆柱，创建面板→复合对象→散布，单击 散布 按钮，再单击 拾取分布对象 按钮，在场景中选择要散布的对象球体，如图 6 - 23 所示。

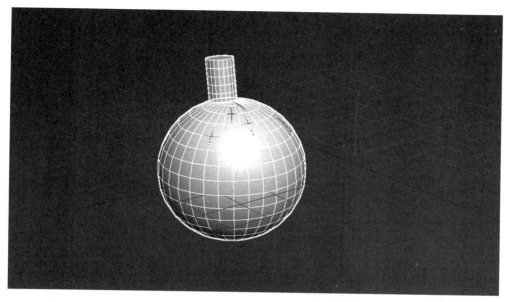

图 6-23　散布

3. 设置源对象参数

物体应用散布之后,可调节源对象参数,如图 6-24 所示。

1)重复数:数值设置越高,散布的物体越多。

2)基础比例:调节散布物体的大小,只能调小,不能调大。

3)顶点混乱度:散布的物体产生扭曲变形的程度。

4)动画偏移:没有动画时可不设置。

4. 设置分布对象参数

调节分布对象参数,如图 6-25 所示。

1)所有顶点:每个顶点分布。

2)所有边的中点:每条边的中心点分布。

3)所有面的中心:每个面的中心分布。

这三种是比较常用的参数,其他参数多为随机参数,按图 6-25 设置的分布效果如图 6-26 所示。

5. 设置变换面板参数

调节变换参数面板,如图 6-27 所示。

分别调整“旋转”“局部平移”“在面上平移”“比例”等参数的值,调整后效果如图 6-28 所示。

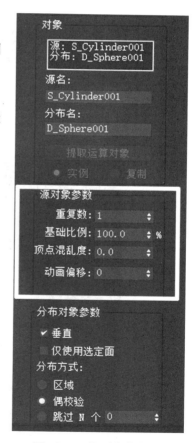

图 6-24　源对象参数

6. 显示面板

1）显示的方式有"代理"和"网格"，网格显示更常用，如图6-29所示。

2）显示百分比：降低显示百分比数值，可减少物体在视图中的散布数量，但实际散布数量没有改变。

3）隐藏分布对象：物体应用散布命令后会新生成一个物体，勾选此选项，可隐藏散布后生成的物体，如图6-30所示。

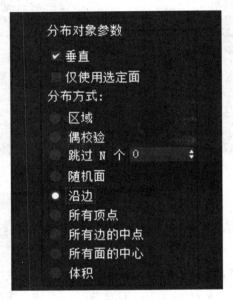

图6-25　分布对象参数

图6-26　分布对象参数调整效果

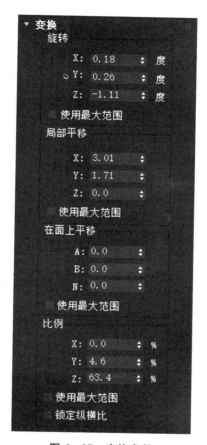

图 6 - 27　变换参数

图 6 - 28　变换参数调整效果

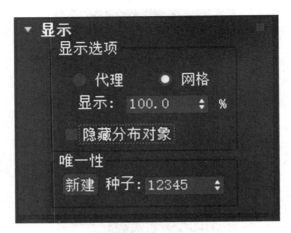

图 6 - 29　显示面板

图 6 - 30　隐藏分布对象

小结

通过对复合对象中散布的学习,我们掌握了利用散布生成三维模型的方法,如在视图中创建两个物体,通过获取散布对象的方式,我们可以等到物体散布的效果,并可适当调节相关参数,这些都是 3ds Max 入门基本操作,是以后建模学习的基础。

第四节 图形合并

图形合并是指将二维图形映射到三维模型上,属于复合对象中的基本操作。

1. 创建物体

在视图中创建长方体和圆形,长方体是标准基本体,圆形是二维线条,如图 6-31 所示。

2. 图形合并

选择三维物体,创建面板→复合对象→图形合并,单击 图形合并 按钮,单击

拾取图形 按钮,在视图中选择二维线条,二维就会映射到三维物体上,如图 6-32 所示。

如果想删除映射的图形,可在运算对象面板中设置,如图 6-33 所示,选择

图形 1: Circle001 ,单击 删除图形 按钮,即可将映射的图形删除掉。

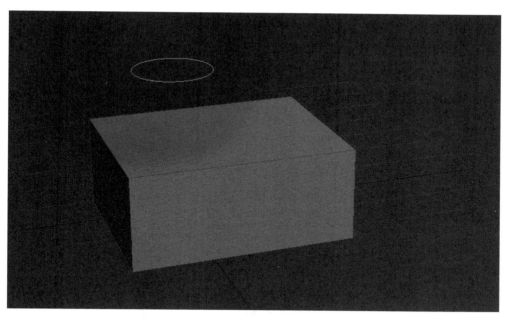

图 6-31 创建物体

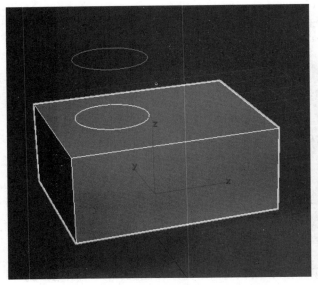

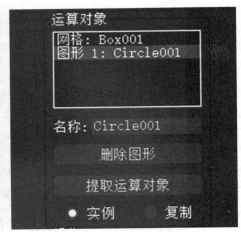

图 6-32　合并图形　　　　　　　　图 6-33　运算对象

3. 图形合并参数设置

在操作面板中,有三种基本模式"饼切""合并""反转"。若选择饼切,图形在物体上的映射是镂空的,如图 6-34 所示;选择合并,图形和物体会合并成一个物体,如图 6-35 所示;选择反转和饼切,物体会有饼切反转的效果,如图 6-36 所示。

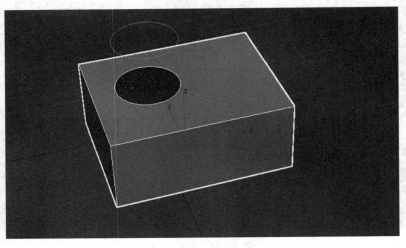

图 6-34　饼切

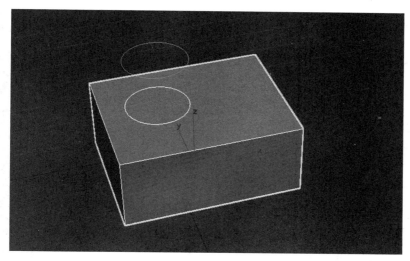

图 6‑35 合并

图 6‑36 饼切反转

4. 图形合并的原理

图形映射到物体的哪个面跟图形的创建视图有关,图形在顶视图创建,那么合并之后,图形就会映射到物体的顶面,如图 6‑37 和图 6‑38 所示。反之,图形在底视图创建,合并之后,图形就会映射到物体的底面,如图 6‑39 和图 6‑40 所示。

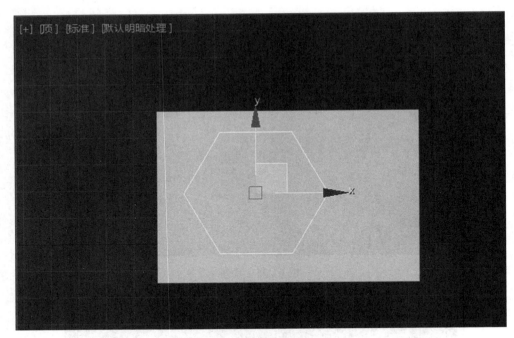

图 6 - 37　在顶视图创建

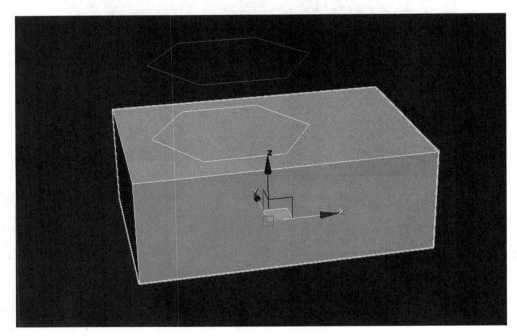

图 6 - 38　图形合并(映射到物体顶面)

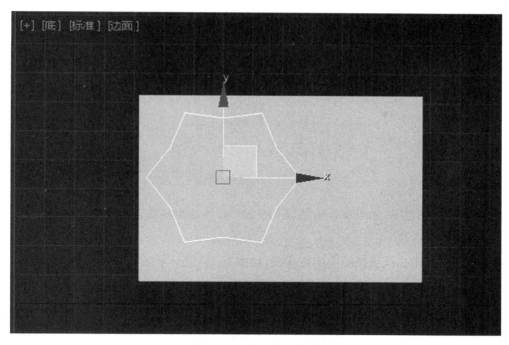

图 6 - 39　在底视图创建

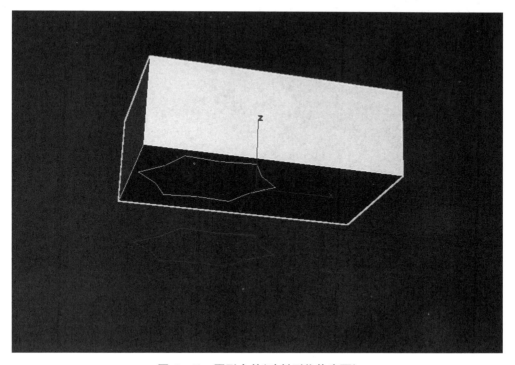

图 6 - 40　图形合并(映射到物体底面)

小结

通过对复合对象中图形合并的学习,我们掌握了将二维图形和三维物体合并到一起的方法,在视图中创建两个物体,通过获取图形的方式,我们可以得到两个物体合并的效果,并可适当调节相关参数,这些都是 3ds Max 入门基本操作,是以后建模学习的基础。

|第五节| 地　形

在一些大型项目中,如果有正确的等高线就可以快速生成我们需要的地形。

1. 制作等高线

在顶视图中,用二维线条画出闭合样条,如图 6-41 所示。在透视图中,移动线条,设置线条的高度,如图 6-42 所示。

图 6-41　二维线条

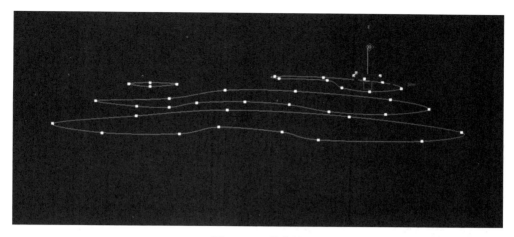

图 6 - 42　等高线

2. 地形及参数设置

创建面板→复合对象→地形,单击 地形 按钮,即可生成地形,如图 6 - 43 所示。

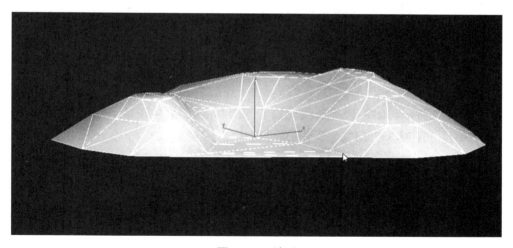

图 6 - 43　地形

可以通过"外形"面板来更改地形的显示,如图 6 - 44 所示。"分级曲面"是默认的显示方式;"分级实体"和"分层实体"使地形外观呈阶梯状;"缝合边界"会缝合物体边界镂空的地方;"重复三角算法"是当地形出现三角面计算错误的情况时,可点击它重新计算。

单击 创建默认值 按钮,会用不同颜色来表示不同高度,如图 6 - 45 所示。

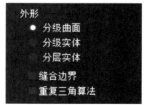

图 6 - 44　外形面板

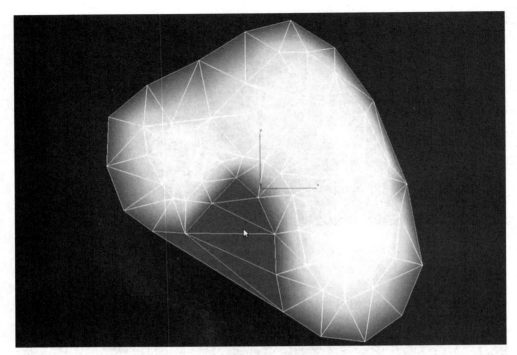

图 6 - 45   创建默认值

小结

通过对复合对象中地形的学习,我们掌握了利用二维线条画等高线的方式来制作地形,如在视图中创建多条样条线,给样条线设置不同的高度,然后生成地形,并可适当调节相关参数,这些都是 3ds Max 入门基本操作,是以后建模学习的基础。

第七章

07

相　机

教学目标:熟悉 3ds Max 相机面板的运用

重点难点:物理摄像机和目标摄像机的使用方法

教学方法:教师进行理论知识讲解,演示操作过程,指导学生练习本章节主要讲解摄像机的参数设置、物理摄像机和目标摄像机的使用方法。在 3ds Max 中,摄像机用来模拟现实摄像机的运动,它的主要作用是为构图取景。通过对它的控制,我们可以实现镜头的拉近与推远,甚至是生成现实中摄像机的焦距效果,以达到突显画面主题的目标。

第一节　目标摄像机

目标摄像机有一个目标点,更方便控制。

1. 创建目标摄像机

1) 在创建命令面板中,左键单击 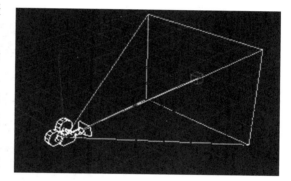 "摄像机"按钮。在"对象类型"中选择"目标"。

2) 按住鼠标左键在场景里拖动至目标位置后放开,建造一个目标摄像机,如图 7 - 1 所示,小正方体是摄像机的目标点,它与摄像机的连线就是视线的方向。整个锥形区域就是摄像机的角度。

3) 卷轴栏的"名称和颜色"选项可以改变摄像机的名字和其与目标点连线的颜色,方便我们管理多个摄像机。

图 7 - 1　目标摄像机

2. 摄像机视图

在 3ds Max 中,视图一般分为顶、前、左和透视四个分格。如果我们想使用摄像机视图,一般选择将右下的透视视图变为摄像机视角。

选中右下的透视视图,按快捷键 C。这时候视图左上角的名称就会变为该摄像机的名字,一般默认为 Camera001,如图 7 - 2 所示。

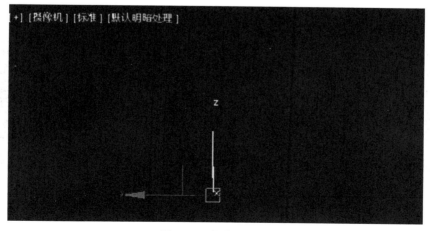

图 7 - 2　摄像机视图

若要回到透视视角,按快捷键 P 即可。

3．目标摄像机基本操作

1) 调整摄像机位置:左键单击工具栏中 ✛ "选择并移动"工具,左键单击按住摄像机或目标点进行拖动。

2) 选择摄像机:左键单击工具栏中 全部 ▼ "选择过滤器",选择"C—摄像机"。这样在场景里有多个物体时,只会单击到摄像机。

3) 调整摄像机视角:当有摄像机视图时,右下角的 🜨 "环绕子对象"就会变为 🜨 "环游摄像机"。选择它后,在场景中按住左键就可以调整摄像机视角到想要的角度。

4) 删除摄像机:左键单击选中摄像机后,按【Delete】键即可删除。

5) 快捷创建摄像机:在场景创建物体后,按【Ctrl+C】组合键即可快速创建以物体为目标点的目标摄像机,如图 7 - 3 所示。

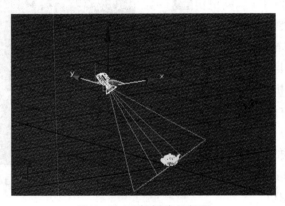

图 7 - 3　目标摄像机视图

6) 隐藏摄像机:按【Shift+C】组合键可以快速隐藏场景内的所有摄像机。再按一次【Shift+C】组合键即可取消隐藏。

4．目标摄像机参数设置

1) 镜头参数:一般默认为 43.456 mm。数值越小,镜头越远;反之数值越大,镜头越近。对同一个茶壶,15 mm 镜头和 50 mm 镜头下效果对比如图 7 - 4 及图 7 - 5 所示。

图 7 - 4　15 mm 镜头效果

图 7 - 5　50 mm 镜头效果

2）剪切平面：是在摄像机的视野范围内，以视线的垂直平面为剪切面，垂直于摄像机视线的中轴线往前后移动就是剪切。默认为不勾选。当不勾选的时候，镜头范围内的物体都可以被看到。

勾选"剪切平面"时，需设置"近距剪切"和"远距剪切"数值。设置完后，摄像机的锥形区域会增加两个红色的平面，离摄像机近的就是"近距剪切"的位置；远离摄像机的则是"远距剪切"的位置，如图7-6所示。

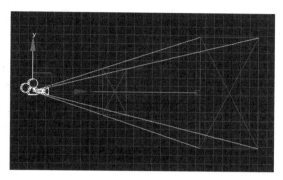

图7-6 "近距剪切"和"远距剪切"

在这两个红色平面内的物体才能在摄像机视图里显现，如图7-7和图7-8所示。

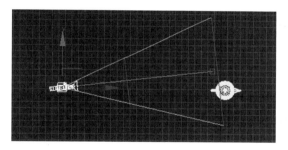

图7-7 "平面剪切"后的顶视图

图7-8 "平面剪切"的摄像机视图

小结

本章我们主要学习了目标摄像机的使用方法。它由两个对象组成：摄像机和目标点。摄像机代表眼睛，目标点指示的是要观察的点。在准备创建目标摄像机时，首先确定想要表现的物体的面，然后在顶视图里创建一个目标摄像机，目标点放在要看的方向上，在侧视图中调整摄像机的位置与高度，然后对照摄像机视角来调整构图。一般摄像机视角与想要观察的物体平行，否则会产生难看的透视变形。

第二节 | 物理摄像机

物理摄像机与目标摄像机相比,更贴近现实生活中的单反相机,因此它的参数设置更多且更复杂。它的创建方式与目标摄像机相同,外观如图 7-9 所示。

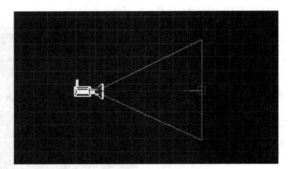

图 7-9 物理摄像机

1. 物理摄像机常用参数设置

1) 目标距离:数值越大,视线越远;反之数值越小,视线越近。

2) 胶片/传感器:宽度越大,视角越大;反之数值越小,视角越小。

3) 镜头:焦距数值越大,视角越小;反之数值越小,视角越大。一般在 24 mm 左右起测。

4) 曝光增益:控制场景亮度。默认为 6.0 EV。数值越大,场景越暗;反之数值越小,场景越亮。

5) 白平衡:控制场景色调冷暖,一般采默认值即可。光源的色调越暖,场景的色调越冷;温度的数值越低,场景的色调越冷。

6) 渐晕:用于控制四周暗角,一般不勾选。数值越大,四周暗角的范围越大。

2. 物理摄像机景深控制

简单地说,景深指的是摄影时使景物成像清晰的范围。一般表现为背景虚化。光圈、镜头及与拍摄物的距离都是影响景深的重要因素。

1) 在"创建"几何体选项中,创建一前一后两个"球体",如图 7-10 所示。

2) 在"创建"摄像机选项中,选择"物理"。按住左键拖动后到目标处松开,在场景中创建一个物理摄像机,移动它的 X 轴、Y 轴、Z 轴,使它与球体平视,如图 7-11 所示。

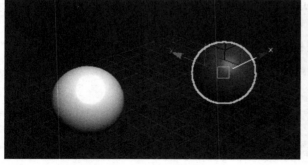

图 7-10 创建两个球体

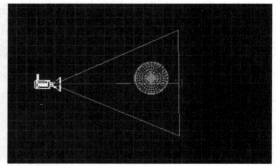

图 7-11 创建摄像机

3）在修改器面板→物理摄像机的卷展栏中勾选"启用景深"。这时，画面中会出现两个蓝色平面，如图 7-12 所示。这两个平面的间距通过光圈数值控制。光圈数值越小，两个平面的间距就越小，虚实的对比就越强烈。

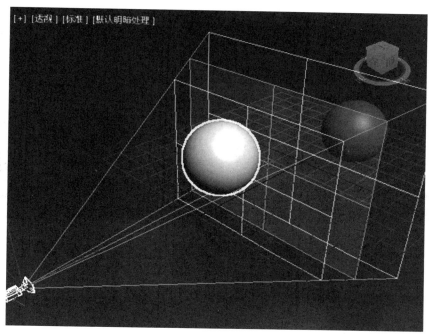

图 7-12 启用景深后的效果

图 7-13 焦距参数设置

4）通过调整聚焦→自定义来改变景深及其视野。聚焦距离数值越大，摄像机的视野就越远，如图 7-13 所示。

5）选中右下的透视试图，按快捷键 C 转变为摄像机视图，可以看到视图中已经产生了远景虚化的效果，如图 7-14 所示。

图 7-14 景深效果

3. 物理摄像机运动模糊效果

1）在"创建"几何体选项中，选择创建一个"平面"，再选择创建一个"茶壶"于这个平面的上方，如图7-15所示。

2）在"创建"摄像机选项中，选择"物理"。按住鼠标左键拖动到目标处松开，在场景中创建一个物理摄像机，移动它的 X 轴、Y 轴、Z 轴，使它与茶壶平视，如图7-16所示。

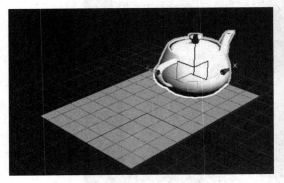

图7-15　创建平面和茶壶

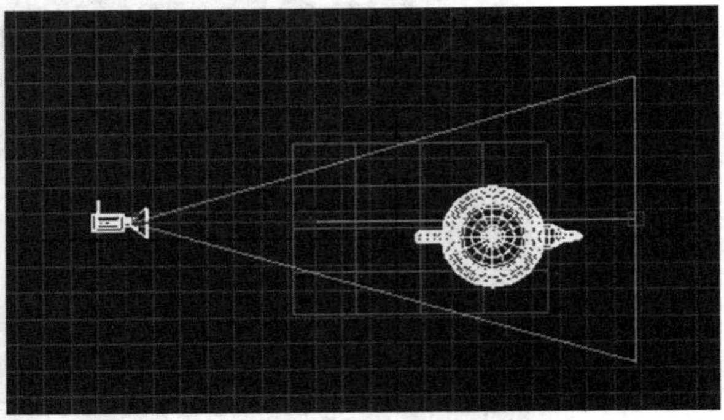

图7-16　创建物理摄像机

3）左键单击"自动关键帧"，打开自动关键帧，将滑块移动到100。

4）左键单击 ✛ "选择并移动"工具，并选中"茶壶"，使它沿着 X 轴往前移动一定距离，如图7-17所示。

5）选中摄像机，左键单击 ◢ "修改"，回到物理摄像机参数设置面板。勾选"启用运动模糊"，如图7-18所示。

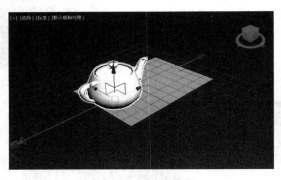

图7-17　移动茶壶

图7-18　参数设置

6）持续时间影响运动模糊的程度。数值越大，模糊效果越强。最终效果，如图7-19所示。

图 7 - 19　运动模糊

小结

本节我们学习了物理摄像机的使用方法。它的参数设置原理跟单反相机是一样的,有光圈大小,ISO,快门速度等,我们可以直接通过修改这些参数来调节渲染图像的亮度、实现曝光度,远景虚化等。

第八章

08

材　质

教学目标: 熟悉 3ds Max 材质编辑器的界面与功能

重点难点: 掌握材质编辑器的操作方法

教学方法: 教师进行理论知识讲解,演示操作过程,指导学生练习

第一节　精简材质编辑器

在 3ds Max 中,一般有两种版本的材质编辑器——精简版本和 slate 版本。两种编辑器在功能上没有区别,主要是界面显示方式上有所不同。精简材质编辑器在赋予对象材质时更简洁,而 slate 材质编辑器在编辑材质时更加方便。

1. 精简材质编辑器打开方式

方法一:

1) 打开 3ds Max,在工具栏上选择 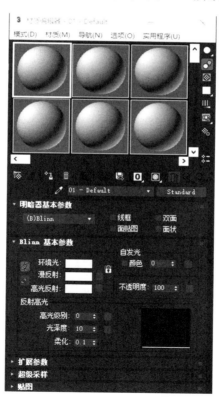 "材质编辑器"。

2) 如果打开的界面是 slate 材质编辑器,可以左键单击"模式",选择"精简材质编辑器"进行切换。

方法二:

直接按快捷键 M 调出精简材质编辑器面板,如图 8-1 所示。

图 8-1　精简材质编辑器

2. 精简材质编辑器面板介绍

精简材质编辑器一般分为三大部分:工具按钮组、参数设置、材质示例窗口。

1）材质示例窗口（如图 8-2 所示）

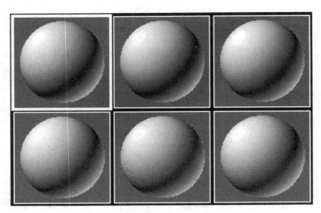

图 8-2　材质示例窗口

默认有 6 个材质实体球。若默认的 6 格示例窗不够用,可以右击球体,选择 5×3 或 6×4 的示例窗口。

2）常用工具按钮

02 - Default 材质名称:编辑当前材质实体球的名称。

从对象拾取材质:左键单击后光标变成吸管状,点击场景中任一物体,即可将其材质提取到当前材质实体球上。

Standard 标准:可左键单击跳转"材质/贴图浏览器"界面或右击弹出剪切/复制/清除当前设置。

采样类型:用来改变材质实体球的形态,有三种类型可选:球体、圆柱体和正方体。

材质/贴图导航器:材质的层级关系进行全局预览。

将材质指定给选定对象:将当前材质实体球的效果赋予场景中的物体。

重置贴图/材质为默认设置:将当前材质实体球的效果或被赋予此效果的场景物体一起还原初始状态。

转到父对象:回到上一层材质层级,只对次级材质层级有效。

3. Blinn 基本参数

Blinn 是 3ds Max 中经常使用的阴影类型之一,也是默认的阴影类型。阴影类型是标准材质的基本属性,也称为反光类型。

1)环境光:指对物体实施照明的光线,它对被照射到的物体及物体的阴影均有影响。

2)漫反射:指投射到物体表面上的光向四周反射的情况。单击"漫反射"选项,会跳出一个颜色选择器。我们可以通过调整红绿蓝值,以及色调、饱和度、亮度和颜色色谱来改变球体的颜色,如图8-3所示。

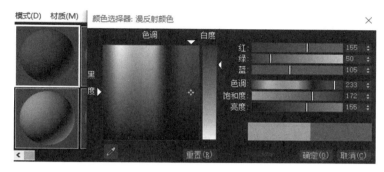

图8-3　颜色选择器

3)高光反射:指物体被光源照射后的发光效果。

4)反射高光:球体的高光大小、范围和强度。比如高光级别越高,高光越强;光泽度越小,高光范围越大。

注意事项:

物体的默认颜色是不能调整属性参数的,比如高光。材质编辑器的效果优先于默认颜色,也就是说一旦添加材质编辑器效果,默认的颜色就会被覆盖。

4.材质编辑器面板的用法

1)在场景中创建一个"长方体",按快捷键M打开精简材质编辑器面板。

2)点击材质编辑器中的一个材质实体球,并把名称由"01-Default"改为"长方体"。

3)单击"Blinn基本参数"中的"漫反射"选项,弹出颜色选择器,设置红绿蓝数值为(120,220,45),点击"确定"。按住左键拖动球体到长方体上再松开,效果如图8-4所示。

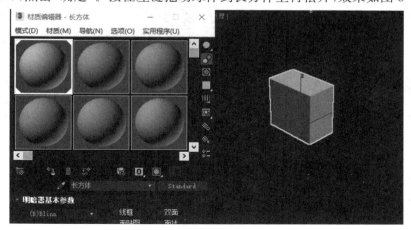

图8-4　长方体颜色渲染

注意事项：

被赋予物体的材质实体球会出现四个三角形边框。当前被选中的材质实体球的边框会变为实心，而没选中的为空心。没有三角形的材质实体球是没有把效果应用在物体上，如图8-5所示。

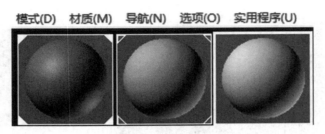

图8-5 材质实体球边框区别

5. 复制材质效果

方法一：

1）按快捷键 M 打开精简材质编辑器面板，给一个材质实体球贴图效果。

2）按住左键拖动该材质实体球到第二个球体上再松开。此时，第二个球体就会得到和第一个同样的材质效果。

方法二：

1）在场景中新建一个茶壶，按快捷键 M 打开精简材质编辑器面板。

2）设置第一个球体颜色为红色。左键拖动该球体到茶壶上再松开，使其效果应用于茶壶上，如图8-6所示。

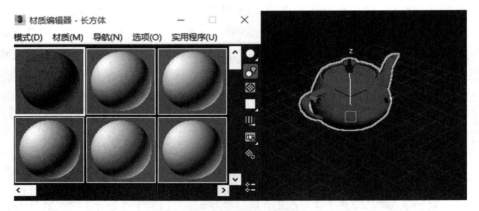

图8-6 茶壶效果

3）左键点击第二个材质实体球，点击名称旁边的 "从对象拾取材质"工具。光标变成吸管后，点击茶壶，吸管吸取了它的颜色。此时第二个球就会得到和第一个球同样的材质效果。

注意事项：

我们既可以用复制粘贴的方法给没有材质效果的实体球添加效果，也可以通过复制粘贴覆盖已设置了效果的材质实体球的效果。

6. 贴图方法

方法一：

1）按快捷键 M 打开精简材质编辑器面板，选择一个材质实体球，点击漫反射旁边的空白按钮，跳出"材质/贴图浏览器"，如图 8-7 所示。

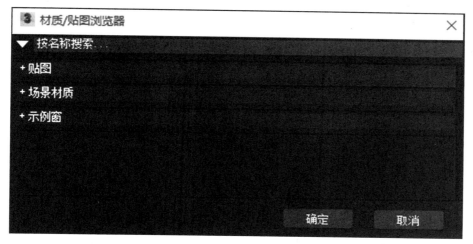

图 8-7　材质/贴图浏览器

2）左键点击"贴图"前面的"＋"号，继续点击"通用"前的"＋"号，展开材质贴图效果选项，如"位图""大理石"等。

3）选择自己喜欢的材质效果，点击"确定"，则更改了贴图效果的参数设置。

4）按住左键拖动材质实体球到场景上的物体后再松开。

方法二：

按快捷键 M 打开精简材质编辑器面板，选择一个材质实体球，点击 Standard ，弹出"材质/贴图浏览器"界面。后续设置与方法一相同。

注意事项：

当我们设置贴图效果后，原本"漫反射"选项旁边的空白按钮上面会出现大写的 M，这是英文 material（材质）的缩写，之前设置的漫反射效果将不再起作用。

7. 贴图的基本操作

1）贴图参数设置更改

在设置好贴图效果后，如需继续调整，点击漫反射旁边的"M"，弹出贴图参数设置。

2）删除贴图效果

（1）右键点击漫反射旁边的"M"，会跳出选项界面，如图 8-8 所示。

（2）左键点击"清除"，可以删除贴图效果。

小结

肌理又称质感，一般为物体表面的纹理。由于构成物体的材料不同，表面的组织、排列、构造各不相同，因而产生粗糙感、光滑感、软硬感。在 3ds Max 中，要使物体表面显示出不同的材质、色彩和纹理，需要使用"材质编辑器"进行渲染。精简材质编辑器作为 3ds Max 传统的编辑器，结构简单，适合初学者。我们掌握好精简材质编辑器的使用，能为之后的学习打下良好的基础。

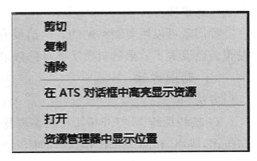

图 8-8　选项界面

第二节 ｜ Slate 材质编辑器

2012 版本之后的 3ds Max 都会自带两种版本的材质编辑器，一种是第一节我们讲到的精简材质编辑器，另一种就是 Slate 材质编辑器。Slate 材质编辑器主要是通过节点和关联的方式更简便直观地去编辑材质。

1. Slate 材质编辑器的用法

1）打开方法

Slate 材质编辑器和精简材质编辑器的打开方式相同。按快捷键 M 或点击工具栏中的「材质编辑器"即可。界面如图 8-9 所示。

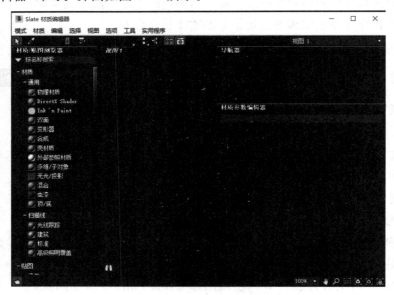

图 8-9　slate 材质编辑器

它的布局分为 5 大部分：材质/贴图浏览器、活动视图、导航器、参数编辑器和工具栏。

2）编辑材质效果的方法

（1）在材质/贴图浏览器中选择要用的材质效果。比如"物理材质"。左键按住它拖动到视图里或者双击"物理材质"。

（2）在电脑文件里选择要用的材质效果，左键按住拖动它到视图里，如图 8－10 所示。

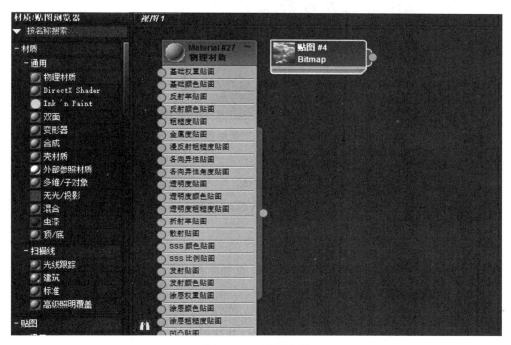

图 8－10 材质编辑

（3）若不需要某个材质效果，选中它之后按 Delete 键或者是点击工具栏中的 ⬛ "删除"选项，即可删除。

3）从对象中选取

（1）左键点击工具栏中的"材质"，点击"从对象中选取"。

（2）点击工具栏中的 ✏ 吸管工具，点击吸取场景中被赋予效果的物体，此时在视图面板中会跳出它的材质情况，如图 8－11 所示。

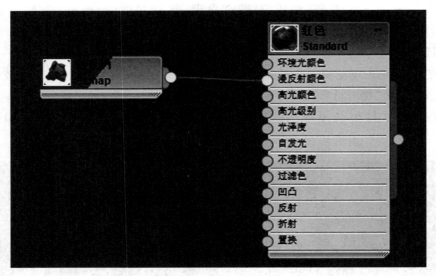

图 8 - 11 从对象中选取

4）从选定项获取

（1）选中场景里已经被赋予材质效果的物体。

（2）左键点击工具栏中的"材质"，点击"从选定项获取"。此时视图中会出现此物体的材质情况。

5）获取所有场景材质

左键点击工具栏中的"材质"，点击"获取所有场景材质"。此时会自动提取场景所有物体的材质情况。

将材质指定给选定对象的方法如下：

（1）在视图中创建好材质效果，选中此效果，并在场景中选中想添加此效果的物体。

（2）左键点击工具栏中的"材质"，点击"将材质指定给选定对象"，或者直接按快捷键A，此时这个物体就会被赋予该材质效果。

2．slate 材质编辑器的常用操作

【Delete】删除。

【Ctrl＋A】全选。

【Ctrl＋D】取消选择。

【Ctrl＋I】反选。

【H】隐藏未使用的节点。

【L】自动排列所有对象。可以在工具栏中的 ▨ 选项调整横向或者纵向，排列效果如图8 - 12 所示。

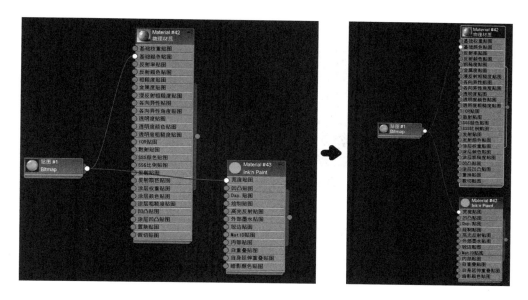

图 8-12　自动横向/纵向排列

【按住鼠标中键拖动】移动视窗。

【按住/单击鼠标左键】框选/选择。

【鼠标滚轮】放大或缩小视图。

【Shift＋鼠标左键拖动】复制。

3．材质效果预览

1) 在视图中创建好材质效果,右击材质实体球效果图,点击"打开预览窗口",如图 8-13 所示。

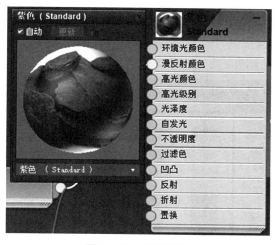

图 8-13　材质预览

2) 若是效果图不够清晰,可以把光标移到右下角,按住左键斜拉窗口放大。

3）右击左上角的材质实体球效果图，点击"预览对象类型"，可以更改材质实体球为圆柱体或长方体（图 8 - 14）。

图 8 - 14　三种材质实体球

小结

通过本章节的学习，我们掌握了 slate 材质编辑器的基本操作。它跟精简材质编辑器的区别在于前者是图层式的，后者是节点式的。在做复杂材质时，slate 材质编辑器可以更直观地看到材质的层级结构。

第三节　常用材质类型介绍

1. 位图

外部调入的贴图，也就是载入电脑里的素材。

1）在场景中新建一个茶壶。

2）按快捷键 M 打开精简材质编辑器面板，选择一个材质实体球，点击漫反射旁边的空白按钮，弹出"材质/贴图浏览器"界面。

3）左键点击"贴图"前面的"＋"号，点击"通用"前的"＋"号。双击"位图"选项，弹出"选择位图图像文件"界面，如图 8 - 15 所示。

　　　　图 8 - 15　选择位图图像文件

4）选择素材文件，比如"石块"材质的图片。点击"打开"。此时，材质实体球就被赋予了石块的效果，如图 8-16 所示。

5）左键按住材质实体球，把它拖动到茶壶上松开。此时，茶壶也有了石块的效果，如图 8-17 所示。

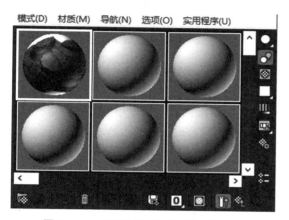

图 8-16　材质实体球被赋予石块效果

图 8-17　茶壶效果

2. 遮罩

遮罩贴图参数设置分为贴图层和遮罩层。一般遮罩层会遮挡贴图层的部分图像内容。

1）按快捷键 M 打开精简材质编辑器面板，选择一个材质实体球，点击漫反射旁边的空白按钮，弹出"材质/贴图浏览器"界面。找到"遮罩"选项并双击，参数设置界面如图 8-18 所示。

2）左键点击"贴图"选项旁边的"无贴图"按钮，弹出"材质/贴图浏览器"，双击"位图"，加载一张材质图片，点击确定，跳出参数设置界面如图 8-19 所示。

图 8-18　遮罩参数设置界面

图 8-19　参数设置界面

3）设置好参数后，点击 ▓ "转到父对象"，回到遮罩参数设置页面。

4）用同样的方法设置遮罩层，即可完成遮罩贴图效果设置。

注意事项：

勾选"反转遮罩"选项，将会使贴图层变得有遮罩效果。

3. 棋盘格

棋盘格贴图效果类似国际象棋的棋盘，可以产生两色方格交错的图案，也可以指定两个贴图进行交错。常用来制作瓷砖等有序的格状纹理。

1）按快捷键 M 打开精简材质编辑器面板，选择一个材质实体球，点击漫反射旁边的空白按钮，跳出"材质/贴图浏览器"界面。找到"棋盘格"选项并双击，参数设置界面如图 8-20 所示。

图 8-20　棋盘格参数设置界面

2）左键点击"颜色♯1"旁边的黑色，跳出颜色选择器可以更改颜色；点击"无贴图"选项，跳出"材质/贴图浏览器"界面，加载贴图效果。

3）用同样方法设置"颜色♯2"，即完成遮罩贴图效果的设置。

注意事项：

柔化默认为 0，数值越大，两色方格的边界越模糊。

4．Ink'n Paint

赋予物体卡通效果。与其他大多数材质提供的三维真实效果不同，此效果可以添加"墨水"边界。

（1）按快捷键 M 打开精简材质编辑器面板，选择一个材质实体球，点击名称旁边的"Standard"。

（2）双击"Ink'n Paint"选项，跳出参数设置界面，如图 8-21 所示。

图 8-21　Ink'n Paint 参数设置界面

绘制控制：用于设置物体的颜色、绘制级别以及光泽度等参数。

墨水控制：用于控制物体的轮廓线。

（3）渲染效果与真实物体对比效果如图 8-22 所示。

图 8-22　Ink'n Paint 渲染效果

5. 双面

使用双面材质可以指定物体的正面和背面为两种不同材质,也可以用于空心的物体。

1) 按快捷键 M 打开精简材质编辑器面板,选择一个材质实体球,点击名称旁边的"Standard"。

2) 双击"双击"选项,选择"丢弃旧材质",点击"确定",跳出参数设置界面如图 8 - 23 所示。

图 8 - 23　双面基本参数设置

3) 左键点击"正面材质"旁边的 "Material♯33(Standard)"选项,跳出材质编辑主界面,设置想要的效果。

4) 用同样方法设置"背面材质",即完成双面贴图效果的设置。

注意事项:

"半透明"控件会影响正面和背面两个材质的混合。"半透明"为 0 时,没有混合;"半透明"为 100％时,会在内部面上显示外部材质,在外部面上显示内部材质。

小结

要创造逼真生动的场景,最重要的环节就是赋予对象真实的材质与贴图。通过本节的学习,我们了解了 3ds Max 中常用的五种材质贴图:位图、遮罩、棋盘格、Ink'n Paint 和双面。我们掌握好这几种材质贴图的使用方法,能为之后的学习打下良好的基础。

第四节　混合贴图

混合贴图可以混合两种材质效果,并且可以通过黑白遮罩来控制其他贴图效果。

1. 混合贴图参数解释

混合量:材质 1 与材质 2 混合的比例。0 表示只有"材质 1"可见,100 表示只有"材质 2"可见。当数值为 50 的时候,两个材质各以一半的比例混合。需要注意的是,一旦使用"遮罩"选项,该控件将无法使用。

混合曲线:影响两种材质混合的渐变程度。需要注意的是,只有指定遮罩贴图后,该控件才会影响混合。

2. 混合贴图步骤

1）按快捷键 M 打开材质编辑器，选择一个材质实体球，改名称为"混合"，点击名称旁边的"Standard"，点击"标准"选项中的"混合"，选择"丢弃旧材质"，跳出"混合基本参数"面板，如图 8‑24 所示。

2）左键单击"材质 1"，点击漫反射旁边的空格按钮，在跳出的"材质/浏览器"中双击"位图"选项，加载一张纹理图。

3）左键单击工具栏中的 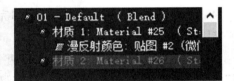"材质/贴图导航器"选项，如图 8‑25 所示。

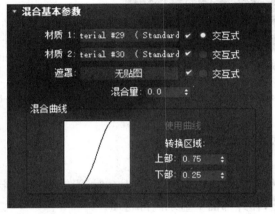

图 8‑24　混合基本参数面板　　　　图 8‑25　材质/贴图导航器

4）左键点击"材质 2：Material♯26"，同理加载一张纹理图。

5）左键点击 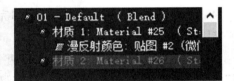"材质/贴图导航器"选项中的"01—Default（Blend）"，回到混合基本参数设置界面。

6）左键单击"遮罩"选项中的"无贴图"，双击"位图"，加载一张素材图。

7）按住左键拖动这个材质实体球到想要添加效果的物体上。左键点击"渲染产品"，最终效果如图 8‑26 所示。

图 8‑26　混合贴图渲染效果

小结

通过本章节学习,我们了解到混合贴图的使用方法。它可以混合两种材质效果,并且可以通过黑白遮罩来控制其他贴图效果,是非常实用的材质贴图方式之一。

第五节 | 渐　变

1. 渐变坡度贴图步骤

1) 选择一个材质实体球,改名称为"渐变",点击"漫反射"旁边的空格,点击"通用"选项里的"渐变坡度",跳出"渐变坡度参数"面板,默认从黑到白,如图 8-27 所示。

2) 双击最左边的滑块,调出颜色选择器,设置颜色,点击确定。

3) 同理把另外两个滑块的颜色换掉。如果需要更丰富的渐变效果,可以鼠标左键点击渐变条上想要增加滑块的位置,就会增加一个滑块;若是不需要,可以鼠标右键点击"删除"删掉。还可以按住左键滑块拖动,以改变渐变的范围。

图 8-27　渐变坡度参数设置

4) 按住左键拖动这个材质实体球到想要添加效果的物体上。

5) 左键点击"渲染产品",最终效果如图 8-28 所示。

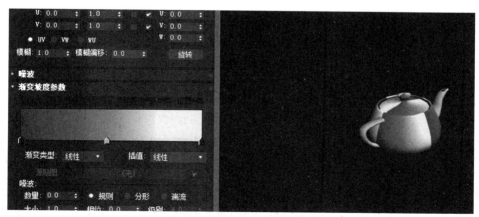

图 8-28　渐变坡度渲染效果

2. 渐变贴图步骤

和渐变坡度相比,渐变贴图最多只能有三个颜色或者贴图渐变。

1) 选择一个材质实体球,改名称为"渐变",左键点击"漫反射"旁边的空格,双击"通用"

选项里的"渐变",跳出"渐变参数"面板,如图 8 - 29 所示。

2) 点击"颜色♯1"旁边的黑色方块,更改颜色设置。

3) 同理更改"颜色♯2"和"颜色♯3"的设置。

4) 点击"渲染产品",最终效果如图 8 - 30 所示。

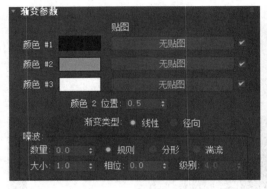

图 8 - 29 渐变参数设置面

图 8 - 30 渐变贴图渲染效果

小结

本节我们学习了渐变坡度与渐变贴图。它们可以制作出颜色以及花纹渐变效果,经常用来制作玻璃等材质。掌握好渐变材质贴图的使用方法,能为之后的学习打下良好的基础。

第六节 | 衰 减

衰减贴图的步骤如下:

1) 在场景上新建一个球体。

2) 选择一个材质实体球,改名称为"衰减",点击"漫反射"旁边的空格,双击"通用"选项里的"衰减",跳出"衰减参数"面板,如图 8 - 31 所示。默认的黑色效果是前面的材质,可以理解为离视点比较近的材质;默认的白色效果是侧面的材质,可以理解为离视点比较远的材质。

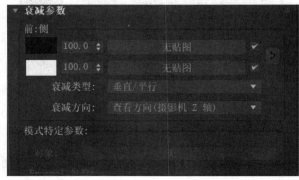

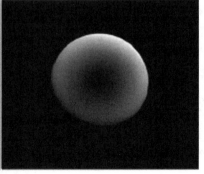

图 8 - 31 衰减参数设置

3）分别左键单击"前:侧"参数中的黑色和白色方格，更改颜色设置，如图 8-32 所示。

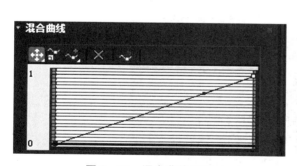

图 8-32 衰减参数设置

4）鼠标右键点击混合曲线右边的小方块，选择"Bezier—角点"，曲线上会增加一个黑色小方块，如图 8-33 所示。

5）鼠标放在中间黑色的小方块上，按住左键往上拖动，前面颜色范围变小往下拉动，前面颜色范围变大。

6）左键点击前面颜色右边选项中的"无贴图"，载入自己喜欢的贴图效果，比如斑点。默认数值 100，指的是贴图所占比例。数值越大，贴图所占比例越大。如图 8-34 所示为数值为 100 时的效果图。

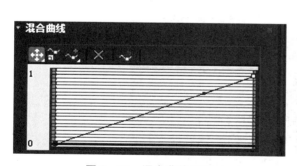

图 8-33 混合曲线设置

图 8-34 衰减效果

小结

本节我们学习了衰减材质。它可以制作出两种材质间的过渡效果，经常用来制作布料类型的材质。

│第七节│ 大 理 石

大理石贴图使用方法如下：

1）在场景中新建一个长方体，如图 8 - 35
所示。

2）按快捷键 M 调出材质编辑器，选择一个材
质实体球，改名称为"大理石"，左键点击"漫反射"
旁边的空格，双击"通用"选项里的"大理石"，跳出
大理石参数面板，如图 8 - 36 所示。

图 8 - 35　新建长方体

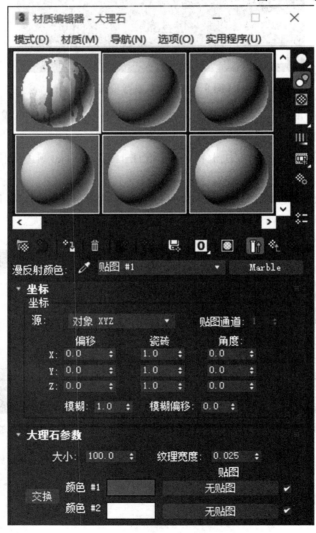

图 8 - 36　大理石参数设置

3）鼠标左键点击颜色，可以在颜色选择器中调整颜色。"坐标"参数可以控制纹理的大小、形状以及方向。

4）设置好参数后，左键按住材质实体球拖动到长方体上，即可得到大理石材质效果。

注意事项：

为了使大理石材质的效果更逼真，我们还可以为其添加反射效果。

小结

本节我们学习了大理石材质的应用，它模拟了大理石花纹，常用于瓷砖和地板。

第八节　RGB 倍增渲染

RGB 倍增贴图的使用方法如下：

1）在场景上新建一个茶壶，如图 8-37 所示。

2）按快捷键 M 调出材质编辑器，选择一个材质实体球，改名称为"RGB"，点击"漫反射"旁边的空格，双击"通用"选项里的"RGB 倍增"，跳出"RGB 倍增参数"面板，如图 8-38 所示。

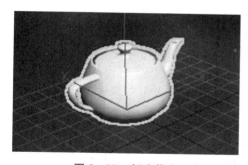

图 8-37　新建茶壶

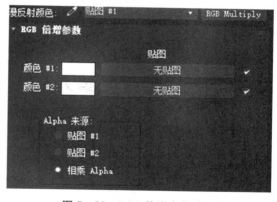

图 8-38　RGB 倍增参数面板

3）颜色♯1 和♯2 默认都为白色，单击白色，调出颜色选择器更改颜色。把♯1 设置为蓝色，♯2 设置为红色，会得到紫色的效果，如图 8-39 所示。

4）左键单击贴图按钮可指定一个贴图。比如添加木纹材质贴图，并设置颜色为蓝色。

5）左键按住材质实体球，拖动到茶壶上，即可得到"RGB 倍增"木纹材质效果，如图 8-40 所示。

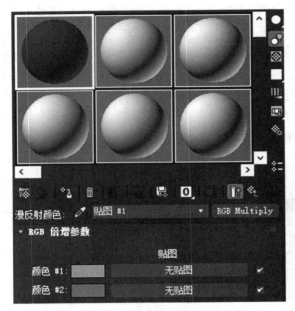

图 8－39　RGB 倍增颜色效果

图 8－40　渲染效果

小结

本节我们学习了"RGB 倍增"材质的应用。它通过将 RGB 值相乘组合两个贴图,一般用作凹凸贴图以增强物体纹理。

｜第九节｜ 光线跟踪

1. 常用光线跟踪参数详解

1)"光线跟踪基本参数"栏

折射率:设置材质折射光线的强度,一般采默认值即可。

环境:允许特别指定一张环境贴图在物体上。

2)"光线跟踪器控制"栏(图 8－41 所示)。

启用光线跟踪:设置是否进行光线跟踪计算。

光线跟踪大气:设置是否对场景中的大气效果进行光线跟踪计算。

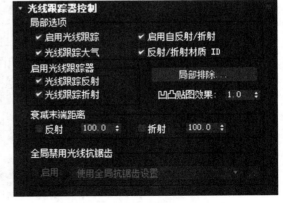

图 8－41　光线跟踪器控制参数面板

启用自反射/折射:设置是否使用自反射/折射。

启用光线跟踪器:这里提供两项开关控制,可以确定光线跟踪材质是否进行反射和折射的计算,默认时都为开启状态。若不需要该效果,可以关闭它以节省渲染时间。

3)"贴图"栏

4)附加光

增减对象表面的光照,可以把它当作在基本材质基础上的一种环境照明色,但不要与基本参数中的"环境光"混淆。通过为它指定颜色或贴图可以模拟场景中的对象的反射光线在其他对象上产生的渗出光的效果。例如,一件白衬衫靠近橘黄色的墙壁时会被反射上橘黄色。

① 半透明

指的是一种无方向性的"漫反射"。对象漫反射区的颜色取决于表面法线与光源位置间的角度,而半透明颜色则是通过忽视表面法线的校对来模拟半透明材质的。

② 荧光

使物体在黑暗的环境下也可以显现色彩和贴图。通过"荧光偏移"值可以调节荧光的强度。

③ 环境

环境贴图,专为透明折射服务,用指定的环境贴图替代场景原有的环境贴图。和"光线跟踪基本参数"里的"环境"设置同步的。

2. 光线跟踪贴图步骤

1)在场景中新建一个平面,并在平面上面建一个球体,如图 8-42 所示。

2)按快捷键 M 调出材质编辑器,选择一个材质实体球,改名称为"光线跟踪",左键点击"Standard"按钮,在弹出的"材质/贴图浏览器"中选择"光线跟踪",左键单击"确定"按钮,如图 8-43 所示。

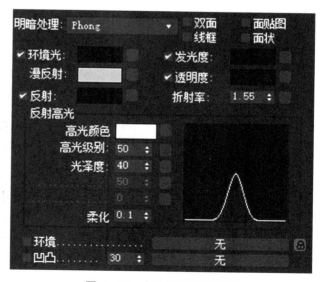

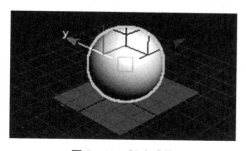

图 8-42　新建球体

图 8-43　光线跟踪参数面板

3) 在"光线跟踪基本参数"卷展栏中设置"反射"的红绿蓝值为 230、230、230。设置"反射高光"的"高光级别"为 110,"光泽度"为 60。

4) 左键单击"贴图",展开卷展栏,勾选"环境"。

5) 左键单击"环境"中的"贴图类型"。继续点击"位图"选项,载入想要的环境背景。

6) 左键按住材质实体球,拖动到球体上,即可得到"光线跟踪"玻璃材质效果。如图 8-44 所示。

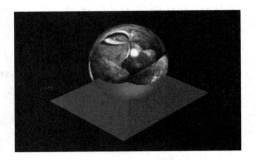

图 8-44　最终渲染效果

小结

本节我们学习了光线跟踪材质的使用。它是一种高级的曲面明暗处理材质,主要作用是渲染反射和折射效果。常应用于金属和玻璃等物体。

｜第十节｜ 凹　痕

1. 常用凹痕参数详解

凹痕参数卷展栏如图 8-45 所示。

大小:数值越大,凹痕的数量越少。

强度:数值越小,凹痕的效果越强。

颜色♯1:凹痕的颜色。

颜色♯2:物体表面的颜色。

2. 凹痕贴图步骤

1) 在场景上新建一个长方体,如图 8-46 所示。

图 8-45　凹痕参数界面

图 8-46　新建长方体

2) 按快捷键 M 调出材质编辑器,选择一个材质实体球,改名称为"凹痕",点击"漫反射"旁边的空格按钮,在弹出的"材质/贴图浏览器"中双击"凹痕"。

3) 设置"凹痕参数":更改"大小"为 400,"强度"为 40,"颜色♯1"红绿蓝数值为(150,70,0),如图 8-47 所示。

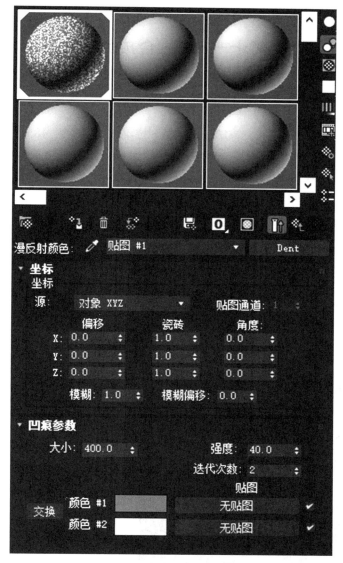

图 8 - 47　凹痕参数设置

4）左键按住材质实体球，拖动到长方体上，即可得到"凹痕"效果。

小结

本节我们学习了凹痕贴图材质的应用。它能够在对象的表面上生成凹痕，比较适合制作岩石和锈蚀金属等效果。

$$\boxed{\text{第十一节}}\quad 合成贴图$$

1. 常用合成贴图参数详解

单个图层模式默认值为正常,点击将会出现下拉菜单,如图8-48所示。

变暗:两个图层中较暗的像素混合后将被保留,而更亮的像素将被替换。经常用于明暗反差较大的素材。素材图片明暗反差得越大,亮部就会被隐去得越多,暗部则被保留得越多。

颜色加深:取颜色比较深的部分呈现,并增加其对比度。

变亮:功能与"变暗"相反,会过滤掉暗部,保留亮部。

颜色减淡:减少颜色的色彩度。

线性减淡:把一种颜色沿直线减淡,直到白色。

叠加:将图案或颜色在现有像素上叠加,同时保留基色的明暗对比。

2. 合成贴图步骤

1) 在场景上新建一个长方体,如图8-49所示。

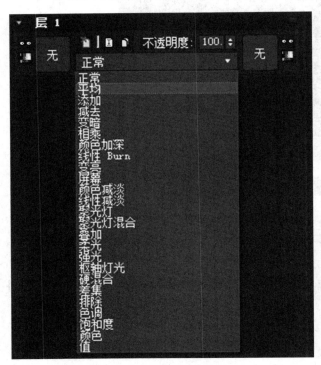

图8-48 合成参数面板

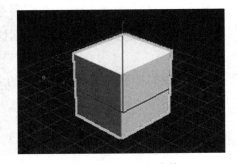

图8-49 新建长方体

2) 按快捷键M调出材质编辑器,选择一个材质实体球,改名称为"合成",点击"漫反射"

旁边的空格按钮,在弹出的"材质/贴图浏览器"中双击"合成"。

3) 左键单击"无",设置纹理为"木材"。

4) 左键单击  转到父对象,跳回上一级。

5) 左键单击 添加新层。设置纹理为
"斑点"。

6) 左键单击 转到父对象,跳回上一
级。设置图层"不透明度"为80,模式为"叠
加"。

7) 左键按住材质实体球,拖动到长方体
上,即可得到"合成"效果,如图8-50所示。

图8-50 渲染效果

小结

本节我们学习了合成贴图材质的应用。它类似 PS 的图层,能够从上到下叠加多种材质
效果。

第十二节 噪 波

1. 噪波贴图方法 1

1) 在"创建"中左键单击 "图形"按钮,选择创建一个"矩形",如图8-51所示。

2) 左键单击 "修改",继续左键单击"挤出",设置参数"数量"为2。若没有"挤出"选
项,则右键单击"修改器列表",左键单击"配置修改器集",找到"挤出",左键按住它拖拽到右
边想替换的修改器按钮上,如图8-52所示。

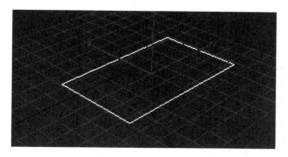

图8-51 新建矩形

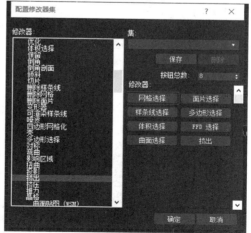

图8-52 配置修改器集

3）选中物体，鼠标右键点单击它，左键单击"转换为"，选择"转换为可编辑多边形"。左键单击"选择"中的 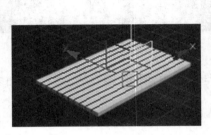 "边"按钮，然后鼠标左键拖动框选 Y 轴方向上的选段，右键单击物体，点击"连接"前面的小方框，跳出设置界面，设置第一个"连接边—分段"参数为 10，点击"确定"，效果如图 8-53 所示。

4）以同样步骤设置 X 轴方向上的参数，如图 8-54 所示。

图 8-53　Y 轴分段设置

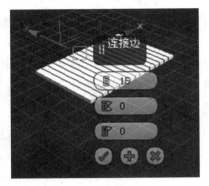

图 8-54　X 轴分段设置

5）右键单击"修改器列表"，左键单击"配置修改器集"，找到"噪波"，左键按住它拖拽到右边想替换的修改器按钮上，点击"确定"。

6）框选模型，点击"修改器列表"下方的"噪波"，勾选"分形"，设置"噪波"参数中"强度"选项的 X 值为 50，Y 值为 50，Z 值为 50，最终效果如图 8-55 所示。

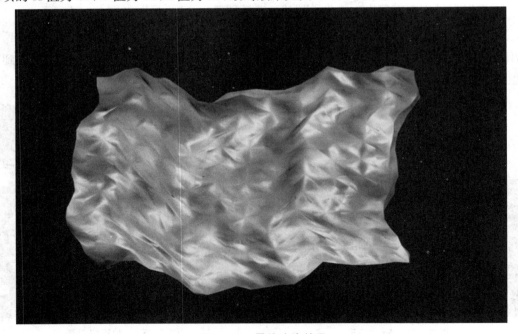

图 8-55　最终渲染效果

2. 噪波贴图方法2

1) 在"创建" 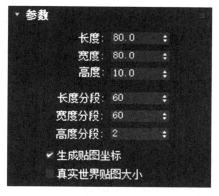 几何体选项中,选择创建一个"长方体",设置它的"参数",长度为80,宽度为80,高度为10,长度分段为60,宽度分段为60,高度分段为2,如图8-56所示。

2) 选中物体,左键单击"修改" ,选择"噪波",设置"参数"。勾选"分形";设置强度X为20,Y为50,Z为80,如图8-57所示。

图8-56 长方体参数设置   图8-57 噪波参数设置

3) 点击 "渲染产品",最终效果如图8-58所示。

图8-58 最终渲染效果

小结

本节我们学习了噪波材质的使用方法。在实际生活中，许多物体的表面附带有波纹的质感，比如水面。在 3ds Max 中，我们把制作这类波纹效果的功能称为"噪波"。

| 第十三节 | 平　铺 |

平铺贴图的步骤如下：

1) 在"创建" ⬤ 几何体选项中，选择创建一个"长方体"，如图 8-59 所示。

2) 左键单击 ▧ "修改"，继续左键单击"UVW 贴图"。若没有"UVW 贴图"选项，则右键单击"修改器列表"，左键单击"配置修改器集"，找到"UVW 贴图"，左键按住拖拽它到右边想替换的修改器按钮上，如图 8-60 所示。

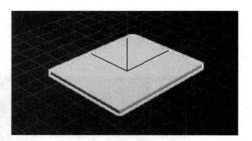

图 8-59　新建长方体

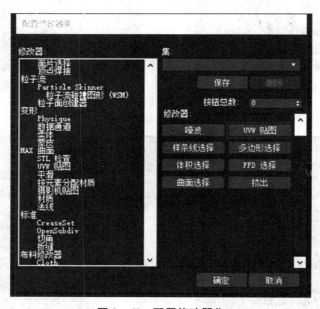

图 8-60　配置修改器集

3) 按快捷键 M 调出材质编辑器，选择一个材质实体球，改名称为"平铺"，左键点击"漫反射"旁边的空格按钮，在弹出的"材质/贴图浏览器"中双击"平铺"，点击"高级控制"，如图 8-61 所示。

图 8 - 61 高级控制

4）左键单击"平铺设置"中的"NONE"按钮，继续左键单击"位图"，载入需要的材质图片。

5）左键单击 "转到父对象"，跳回"平铺"主设置界面。

6）左键单击"砖缝设置"中的纹理颜色，设置其红绿蓝值为（255，255，255），也可以根据需要设置成其他颜色。

7）更改"砖缝设置"的"水平间距"和"垂直间距"为 0.1。此时的材质实体球效果如图 8 - 62 所示。

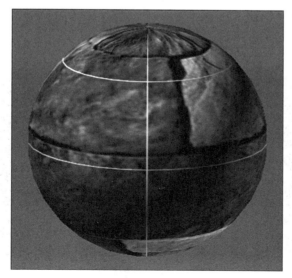

图 8 - 62 材质实体球效果

8）左键按住材质实体球,拖动到长发体上,点击  "渲染产品",最终效果如图 8-63 所示。

图 8-63　最终渲染效果

小结

本节我们学习了平铺材质效果的使用方法。在 3ds Max 中,平铺贴图效果主要用于地板、墙面等规则性重复并且有接缝的面贴图。

|第十四节|　法线凹凸

在 3ds Max 中,法线凹凸贴图可以用来模拟物体表面的凹凸效果,我们常用它来模拟浮雕、地板砖等效果。

1. 创建物体

在"创建" 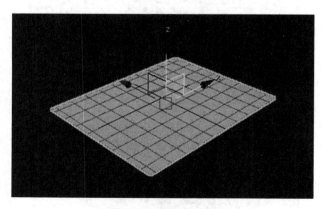 几何体选项中,选择创建一个"平面",如图 8-64 所示。

图 8-64　新建平面

2. 编辑材质编辑器

1) 按快捷键 M 打开精简材质编辑器面板,选中第一个材质实体球,左键单击"漫反射"旁的空格按钮,跳出"材质/贴图浏览器"界面,左键单击"位图",载入一张地毯的图片。

2) 左键单击  "转到父对象",跳回主设置界面,左键单击"贴图"选项,展开扩展栏,左键单击"凹凸"其右侧的"无贴图",跳出"材质/贴图浏览器"界面,左键单击"位图",载入一张黑白条纹图,如图 8-65 所示。

图 8-65 参数设置

3. 凹凸参数说明

1)"凹凸"的数值越大,凹陷越大,效果对比如图 8-66 和图 8-67 所示。

图 8-66 凹凸数值为 10 的效果图

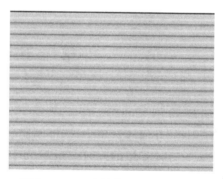

图 8-67 凹凸数值为 50 的效果图

2)"凹凸"的数值为负数时,凹凸情况与正数时相反,如图 8-68 所示。

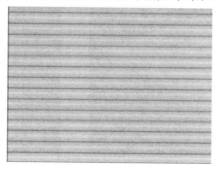

图 8-68 凹凸数值为-40 的效果图

4. 凹凸参数设置及最终效果

1）设置"凹凸"数值为 30。

2）左键按住这个材质实体球拖动到想要添加效果的物体上。

3）点击"渲染产品"，最终效果如图 8-69 所示。

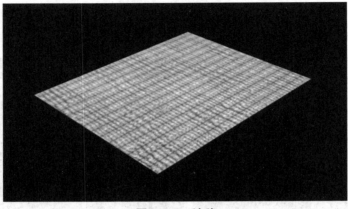

图 8-69　地毯

小结

通过对法线凹凸贴图的学习，我们掌握了如何给物体表面增加凹凸的效果。这为我们之后建造复杂的形体打下了基础。

第十五节　波　浪

1. 创建物体

1）在"创建"几何体选项中，选择创建一个"长方体"，如图 8-70 所示。

2）设置长方体参数的"长度分段"为 100，"宽度分段"为 100，"高度分段"为 100，如图 8-71 所示。

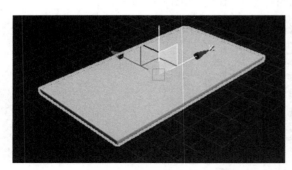

图 8-70　创建长方体

图 8-71　参数设置

2. 添加波浪效果

1）在时间轴为 0 时，点击 自动关键点 ，然后把指针拖到 100 帧。

2）选中物体，左键单击 修改，继续左键单击"波浪"。若没有"波浪"选项，右键单击"修改器列表"，左键单击"配置修改器集"，找到"波浪"，左键按住拖拽它到右边想替换的修改器按钮上，如图 8 - 72 所示。

3）调整波浪参数，如图 8 - 73 所示。

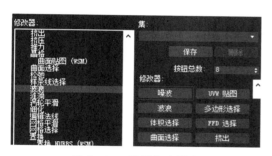

图 8 - 72 配置修改器集

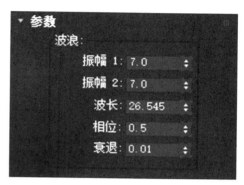

图 8 - 73 波浪参数

3. 最终效果

1）拖动关键帧从 0 到 100，可以得到波浪的动画效果。

2）点击"渲染产品"，最终效果如图 8 - 74 所示。

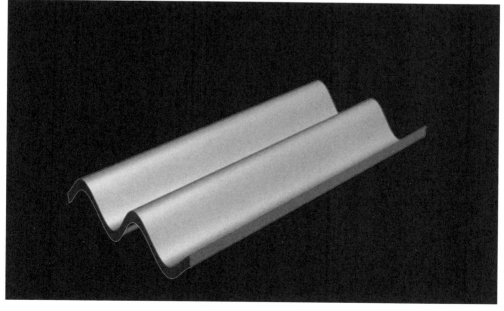

图 8 - 74 渲染效果

小结

通过对波浪材质的学习,我们掌握了给物体表面增加波浪效果的方法。这为我们之后建造复杂的形体打下了基础。